21 世纪机电类专业系列教材

机 械 制 造 基 础

主　编　颜兵兵

副主编　王　冬　李小海　黄德臣

参　编　王连洋　周海波　周天悦　叶之乔　陈圣祥

　　　　陈文俊　于发达　徐圣超　丁李青

主　审　于　峰

机械工业出版社

本书以教育部制定的机电类专业教学要求为依据，在认真总结和汲取教育教学改革、教材整合与改革经验的基础上，以培养生产一线应用型技术人才为目标，按照专业教育规格对理论知识内容的要求，精心编写而成。本书主要内容包括：机械制造过程概论，机械加工工艺系统，金属切削加工方法与装备，零件的结构工艺性，精密加工和特种加工，专用机床夹具设计基础。

本书可供高等院校及职业院校机械工程类、近机类专业及其他工程类专业师生使用，也可作为相关工程技术人员的参考书。

图书在版编目（CIP）数据

机械制造基础/颜兵兵主编. —北京：机械工业出版社，2012.4
（2025.2 重印）
21 世纪机电类专业系列教材
ISBN 978-7-111-38019-1

Ⅰ.①机… Ⅱ.①颜… Ⅲ.①机械制造-高等学校-教材
Ⅳ.①TH

中国版本图书馆 CIP 数据核字（2012）第 066194 号

机械工业出版社（北京市百万庄大街22号 邮政编码100037）
策划编辑：张敬柱 王晓洁 责任编辑：张敬柱 王晓洁 赵磊磊
版式设计：霍永明   责任校对：陈秀丽
封面设计：赵颖喆   责任印制：邓 博
北京盛通数码印刷有限公司印刷
2025 年 2 月第 1 版·第 11 次印刷
184mm×260mm·11.5 印张·284 千字
标准书号：ISBN 978-7-111-38019-1
定价：35.00 元

电话服务   网络服务
客服电话：010-88361066   机 工 官 网：www.cmpbook.com
          010-88379833   机 工 官 博：weibo.com/cmp1952
          010-68326294   金 书 网：www.golden-book.com
封底无防伪标均为盗版   机工教育服务网：www.cmpedu.com

前　言

本书以教育部制定的机电类专业教学要求为依据，在认真总结和汲取教育教学改革、教材整合与改革经验的基础上，以培养生产一线应用型技术人才为目标，按照专业教育规格对理论知识内容的要求，精心编写而成。

在结构上，为便于读者对机械加工过程的总体理解，本书力求做到机械加工过程的系统化，以介绍机械加工工艺系统为主线，将工艺系统各组成部分有机结合起来，形成一个相互作用的整体。在内容上，本书以原金属工艺学为基础，在详尽阐述相关基本理论知识的同时，加大技能知识比重，注重介绍工艺装备的结构特点及其应用，将传统与现代制造工艺有机结合在一起，对目前仍在广泛应用的常规工艺进行精选和保留，对过时的内容予以淘汰，并融入了以数控技术为主的新技术设备及工艺方法，以突出应用型人才培养特色，强调理解运用、强化分析和解决问题能力的培养。编写内容的范围和深度都按照"理论够用，能力为本，重在应用"的原则而选取，以体现适合于21世纪教育的教材特色。

全书共分为6章，第1章为机械制造过程概论，初步建立机械制造过程的概念，为学习以后章节和应用打下基础；第2章为机械加工工艺系统，介绍机械加工工艺系统的构成及其各组成部分在加工过程中的功用与重要性；第3章为金属切削加工方法与装备，介绍各种金属切削基本加工方法的工艺特点与应用及相关工艺装备的结构与选用；第4章为零件的结构工艺性，介绍零件在切削加工及装配过程中对结构工艺性的要求及实例分析；第5章为精密加工与特种加工，介绍精密、超精密加工和特种加工的特点、加工方法及其工艺装备；第6章为专用机床夹具设计基础，介绍专用夹具设计的基本知识、基本原则、一般方法及典型专用夹具结构。

本书得到了黑龙江省新世纪教育教学改革工程项目"机械类应用型本科人才培养模式与途径研究"（6823）、黑龙江省教育科学"十二五"规划课题"校企深度合作的机械类应用型人才培养模式研究与实践"（GBC1211130）和黑龙江省高等教育教学改革项目"工科类卓越工程师培养模式研究与实践"的资助，本书可供高等院校和职业院校机械工程类、近机类专业及其他工程类专业使用，也可作为相关工程技术人员的参考书。

本书由颜兵兵任主编，王冬、李小海、黄德臣任副主编，王连洋、周海波、周天悦、叶之乔、陈圣祥、陈文俊、于发达、徐圣超、丁李青参加编写。具体编写分工如下：颜兵兵（第2章、第6章、3.5节），王冬（3.1、3.2、3.3、3.4、3.6、3.7节），黄德臣（第1章），李小海（第4章），王连洋、周海波（第5章），周天悦、叶之乔、陈圣祥、陈文俊、于发达、徐圣超、丁李青也参与了部分章节的编写工作。全书由于峰主审。

本书在编写过程中得到了许多兄弟院校和企业专家、主编所在学校的领导和同行的大力支持和帮助，他们对本书提出了许多宝贵的修改意见，在此一并表示衷心的感谢！

　　在本书的编写过程中，参考了众多的教材、专著和其他学术著作，可能存在部分参考文献没有列入的现象，在此向所有的作者表示感谢！

　　教育及教材都是不断发展的，鉴于我们的经验水平又很有限，书中难免存在不妥和错误之处，恳请各兄弟学校的专家、同行批评指正并提出宝贵意见。

编　者

目 录

常用技术要求和加工硬度和精度等，改变了零件之间的相对位置，称为机械装配工艺过程。

1.1.2　机械制造过程及基本概念的定义

1.　概述

工艺过程是生产过程的重要组成部分，对于一个零件而言，机械加工工艺过程
机器由若干部件组成，机器部件又经过工艺过程包含若干工序，零件的机械加工工
艺顺序组成，如图1-2所示。首先，组成机器的每一个零件都要经过机械加工才能得
到所需求的形状、尺寸的零件，都要经由若干个加工步骤、工序。机械加工工艺
工艺相应的加工制造成机械加工，称为机械加工工艺过程，以及工艺过程及其相关联工
艺。工艺组成及从工艺过程都要由若干个加工步骤、工序组成。

第1章　机械制造过程概论

【导读】 零件的各表面及其质量由加工获得，而产品的结构与性能指标则由零件及其装配关系保证。应将独立的加工方法、个体零件的机械装配过程，科学有序联系、排列起来，初步建立机械制造过程的概念。对有关新名词概念，要结合感性认识与理解记忆，利用书中简例进一步理解掌握机械制造过程的概念及其组成、生产组织与特点，为学习以后章节和应用打下基础。

1.1　机械制造过程

1.1.1　生产过程

除了天然物产，人类生产、生活中使用的各类产品，大都需要经过一系列的生产制造活动和时间周期才能完成，这个将原材料转变为成品的全过程就是该产品的生产过程。它包括：原材料的运输、保管和准备；生产的准备工作；毛坯的制造；零件的机械加工与热处理；零件装配成机器；机器的质量检查及运行试验；机器的油漆、包装和入库。

产品的生产过程基本流程如图1-1所示。

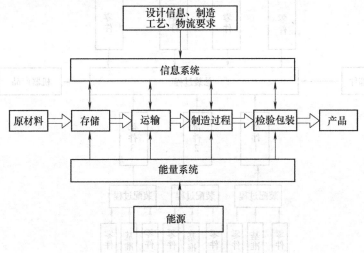

图1-1　产品的生产过程基本流程

在上述机器的生产过程中，凡是直接改变生产对象的形状、尺寸、相对位置和性质等，使之成为成品或半成品的过程称为工艺过程。原材料经过铸造或锻造（冲压、焊接）等制成铸件或锻件毛坯，这个过程就是铸造或锻造（冲压、焊接）工艺过程，统称为毛坯制造工艺过程，它主要改变了材料的形状和性质；在机械加工车间，使用各种工具和设备将毛坯加工成零件，主要改变其形状和尺寸，称为机械加工工艺过程；将加工好的零件，按一定的

装配技术要求装配成部件或机器，改变了零件之间的相对位置，称为机械装配工艺过程。

1.1.2　机械制造过程概述及示例

1. 概述

工艺过程是生产过程的重要组成部分，对于同一个零件或产品，其机械加工工艺过程或装配工艺过程可以是各种各样的，但在确定的条件下，有一相对最合理的工艺过程。在企业生产中，把合理的工艺过程以文件的形式规定下来，作为指导生产过程的依据，这一文件就叫做工艺规程。

根据工艺内容不同，工艺规程可分为机械加工工艺规程、机械装配工艺规程等。

机器由零件、部件组成，机器的制造过程也就包含了从零部件加工、装配到整机装配的全部过程，如图 1-2 所示。首先，组成机器的每一个零件要经过相应的机械加工过程将毛坯制造成为合格零件。在这一过程中，要根据零件的设计信息，制定零件的加工工艺规程，根据工艺规程的安排，在相应的机械加工工艺系统(由机床、刀具、被加工零件、夹具以及其他工艺装备构成)中完成零件的加工内容。被加工零件不同，工艺内容不同，相应的工艺系统也不相同。工艺系统特性及工艺过程参数的选择，对零件加工质量起着决定性的作用。

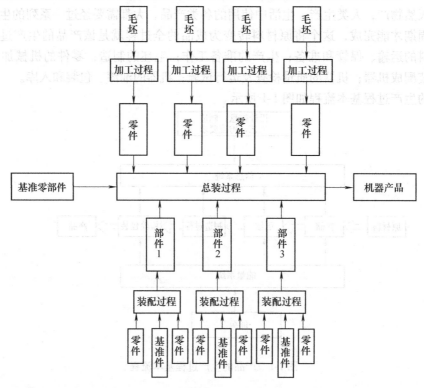

图 1-2　机器制造过程

零件是机器制造的最小单元，如一个螺母、一根轴；部件是由两个及两个以上零件结合成的机器的一部分。将若干零件结合成部件的过程称为部件装配；将若干零件、部件结合成一台完整的机器（产品）的过程，称为总装配。部件是个统称，还可划分为若干层次（如合件、组件）以作为装配单元，直接进入产品总装的部件称为组件；直接进入组件装配的部件称为第一级分组件；直接进入第一级分组件装配的部件称为第二级分组件。

装配都要依据装配工艺要求，应用相应的装配工具和技术完成，各级装配的质量都影响整机的性能和质量。

总装之后，还要经过检验、试机、喷漆、包装等一系列辅助过程才能成为合格的产品。

2. 机械制造过程示例

新产品要经过市场需求调查研究、产品功能价值定位、完成结构方案和全部设计，才能试制生产。一般是先完成总装配图设计，并区分标准件、非标准件，再逐个拆画完成非标准件的零件工作图。生产制造过程与设计过程顺序相反，即先要将各个零件合格地加工完毕，再根据机器的结构和技术要求，把这些零件装配、组合成合格产品。

下面就以小批量生产某减速器的过程为例，对机械制造过程加以简单阐述。

减速器包括几十种、近百个零件，其中除了标准件等外协、外购件，所有非标准件都需要完成零件工作图，并且逐个按图加工制造。在此，我们仅以其中的箱体（底座、机盖）和输出轴的加工过程为例，对机械制造过程进行阐述分析。

如前所述，机械制造过程的主要内容就是：毛坯制造（略）、零件加工、产品装配。

下面结合产品和零件简图、加工过程工序简图、零件的加工工艺过程表等，简单介绍减速器底座和机盖零件、输出轴零件的加工工艺过程和产品装配过程。

图 1-3 所示是减速器装配图简图，图 1-4 所示是底座零件简图，图 1-5 所示是箱盖零件简图，图 1-6 所示是输出轴零件简图，图 1-7 所示是减速器输出轴的加工过程工序简图。表 1-1 所列是减速器箱体零件（底座和机盖）的加工工艺过程，表 1-2 所列是输出轴零件的加工工艺过程。

箱体零件是减速器的基础件，它是使轴及轴上组件具有正确位置和运动关系的基准，其质量对整机性能有着直接影响。减速器箱体零件技术要求较高的加工表面主要有安装基面的底面、接合面和两个轴承支承孔。一般为了制造与装配方便，减速器箱体零件大都设计成分离式的结构，选用铸造毛坯。

输出轴是减速器的关键零件，其尺寸精度和形位精度直接决定轴上组件的回转精度。同时，输出轴承受弯扭载荷，必须具有足够的强度。

除箱体和输出轴零件外，各非标准零件也需逐个加工完成（本例略）。

各零件加工及采购完成后，则进入装配阶段。

3. 机械加工工艺系统

由上述例子可以看出，零件加工过程中，每一项加工内容都要依靠机床、刀具和夹具来共同配合完成。比如在箱体的平面加工中，需要采用铣床、铣刀，还需要相应的夹具装夹；在轴的加工中，需要车床、磨床等设备，需要车刀、砂轮等刀具，也需要自定心卡盘等夹具。每一项加工内容都有相应的机床、刀具和夹具，与被加工工件共同构成了具有特定功能的有机整体，它们相互作用、相互依赖、形成一个闭环系统，通常被称为机械加工工艺系统。对应于每种加工方法都有其机械加工工艺系统，如车削工艺系统、铣削工艺系统、磨削工艺系统等。对于同一个被加工零件可以有不同的加工工艺过程，因而也可以由不同的工艺系统组成。工艺系统的组成及其特性对加工过程、质量、效率、成本有直接的影响，研究工艺系统的特性及其在不同情况下的合理组成与应用，是机械制造技术的重要内容之一。

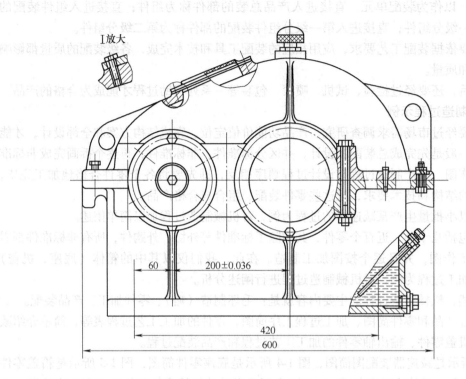

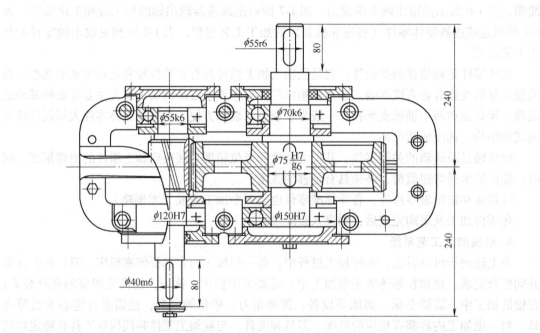

图 1-3 减速器装配图简图

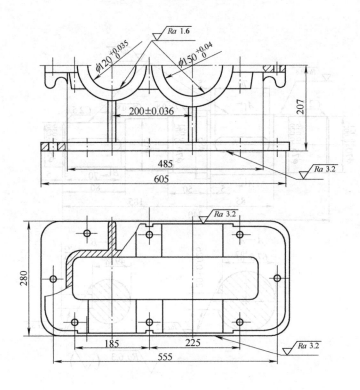

图 1-4　底座零件简图

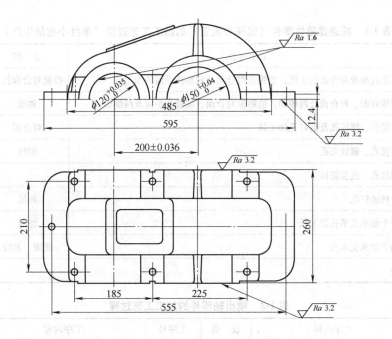

图 1-5　箱盖零件简图

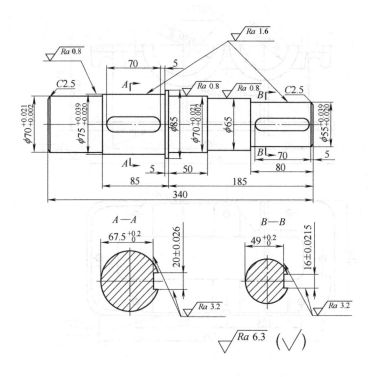

图 1-6 输出轴零件简图

表 1-1 减速器箱体零件（底座和机盖）的加工工艺过程（单件小批量生产）

工序号	工序内容	基　准	加工设备
1	划底座底面及对合面加工线，划箱盖对合面及观察孔平面的加工线	根据对合面找正	划线平台
2	刨底座底面、对合面及两侧面；刨箱盖对合面、观察孔平面及两侧面	划线	龙门刨床
3	划连接孔、螺纹孔及销钉孔加工线	对合面	划线平台
4	钻连接孔、螺纹底孔	划线	摇臂钻床
5	攻螺纹孔、连接箱体		
6	钻、铰销钉孔	划线	摇臂钻床
7	划两个轴承支承孔加工线	底面	划线平台
8	镗两个轴承支承孔	底面、划线	镗床
9	检验		

表 1-2 输出轴零件的加工工艺过程

工序号	工序内容	设　备	工序号	工序内容	设　备
1	车端面、钻中心孔	车床	3	铣键槽、去毛刺	铣床
2	车各外圆、轴肩、端面和倒角	车床	4	磨外圆	磨床

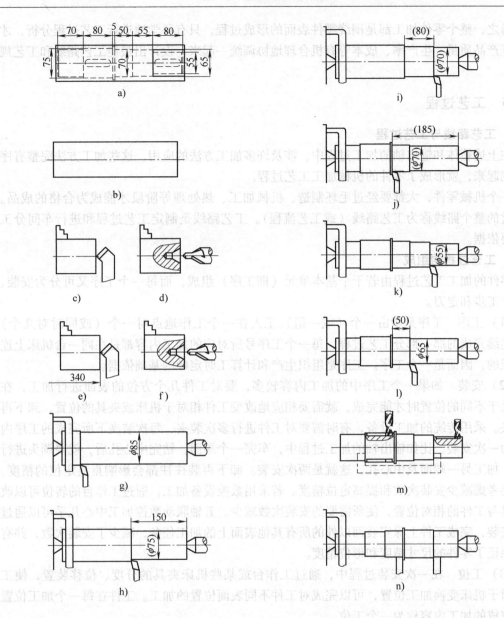

图 1-7　减速器输出轴加工过程工序简图
（带括号的数字表示要为后面的工序留加工余量）

4. 工艺过程分析及意义

在机械加工过程中，每种方法都是以完成一定的零件成形表面为目的。人们经过长期的实践和理论总结，发明、发现和掌握了各种零件的加工制造技术，即零件表面形成的工艺方法。零件的表面类型不同，采用的加工方法大都不同；零件表面类型相同，但结构尺寸、精度要求和表面质量要求不同，对应的加工方法和加工方法的组合也会不同。确定加工方法及组合方法、工艺系统中刀具和工件的运动方式、数量时主要考虑被加工表面的形状及其成形方法。

总之，整个零件加工都是围绕零件表面的形成过程，只有科学地进行工艺过程分析，才能保证产品质量、生产率、成本等有机合理地协调统一起来，设计出最佳工艺路线和工艺规程。

1.1.3　工艺过程

1. 工艺路线与工艺过程

在上述箱体和输出轴的加工过程中，涉及许多加工方法的应用，这些加工方法完整有序地排列起来，就形成了零件的机械加工工艺过程。

一个机械零件，大都要经过毛坯制造、机械加工、热处理等阶段才能成为合格的成品。它通过的整个路线称为工艺路线（或工艺流程）。工艺路线是制定工艺过程和进行车间分工的重要依据。

2. 工艺过程的组成

零件的加工工艺过程由若干个基本单元（即工序）组成，而每一个工序又可分为安装、工位、工步和走刀。

（1）工序　工序是指由一个（或一组）工人在一个工作地点对一个（或同时对几个）工件连续完成的那一部分工艺过程。每一个工序号所对应的加工内容都是在同一台机床上连续完成的，因而是一个工序。工序是组织生产和计算工时定额的基础依据。

（2）安装　如果一个工序中的加工内容较多，要对工件几个方位的表面进行加工，在工件处于不同的位置时才能完成，就需要相应地改变工件相对于机床或夹具的位置，卸下再次装夹。采用传统的加工设备，有时需要对工件进行多次装夹，每次装夹下所完成的工序内容称为一次安装。比如输出轴的加工过程中，车完一个端面、钻完中心孔后，就要调头进行装夹，加工另一端面及中心孔，这就是两次安装。卸下再装往往都会影响重复定位的精度，所以要考虑减少安装次数和提高定位精度。若采用数控设备加工，通过工作台的转位可以改变刀具与工件的相对位置，使所需要的安装次数减少。五轴联动数控加工中心几乎可以通过一次安装，完成工件上除安装面以外的所有其他表面上的加工任务，减少了安装次数，并有效地保证了零件的尺寸精度和形位精度。

（3）工位　在一次安装过程中，通过工作台或某些机床夹具的分度、位移装置，使工件相对于机床变换加工位置，可以完成对工件不同表面位置的加工。工件在每一个加工位置上所完成的加工内容称为一个工位。

（4）工步　在同一个工位上，要完成不同的表面加工时，其中在加工表面、刀具、主运动转速和进给量不变的情况下所完成的加工内容称为一个工步。

（5）走刀　在一个工步内，刀具在加工表面每切削一次所完成的工步内容，称为一次走刀。

1.2　机械制造过程的生产组织

机械产品的制造过程是一个复杂的过程，往往需要经过一系列的机械加工工艺和装配工艺才能完成。对工艺过程的要求是优质、高效、低耗，以取得最佳的经济效益。不同的产品其制造工艺过程各不相同，即使是同一产品，在不同的情况下其制造工艺过程也不相同。

确定一种产品的制造工艺过程,不仅取决于产品自身的结构、功能特性、精度要求的高低以及企业的设备技术条件和水平,更取决于市场对该产品的种类及产量的要求。即产量决定着工艺过程,决定着生产系统的构成,从而导致了不同的生产过程,这些不同的综合反映就是企业生产组织类型的不同。

1.2.1　生产纲领

生产纲领是企业根据市场的需求和自身的生产能力决定的、在计划生产期内应当生产的产品的产量和进度计划。计划期为一年的生产纲领称为年生产纲领。

零件年生产纲领的计算公式为

$$N = Qn(1 + \alpha + \beta)$$

式中　N——零件的年生产纲领（件/年）;

　　　Q——产品的年产量（台/年）;

　　　n——每台产品中该零件的件数（件/台）;

　　　α——该零件的备品率;

　　　β——该零件的废品率。

年生产纲领是制定工艺规程的最重要依据,根据生产纲领并考虑资金周转速度、零件加工成本、装配、销售、储备量等因素,以确定该产品一次投入生产的批量和每年投入生产的批次（即生产批量）。市场经济时期与计划经济时期的生产纲领大不相同,从市场角度看,产品的生产批量首先取决于市场对该产品的容量、企业在市场上占有的份额,该产品在市场上的销售和寿命周期等,市场决定生产的作用越来越突出。

1.2.2　生产组织类型

生产纲领决定工厂的生产过程和生产组织,包括确定各工作地点的专业化程度、加工方法、加工工艺、设备和工装等。如机床生产与汽车生产的工艺特点和专业化程度就不同。产品相同,生产纲领不同,也会有完全不同的生产过程和专业化程度,即不同的生产组织类型。

根据生产专业化程度不同,生产组织类型分为单件生产、成批生产、大量生产三种。其中,成批生产又可以分为大批生产、中批生产和小批生产。表 1-3 所列是各种生产组织类型的划分。从工艺特点上看,单件生产与小批生产相近,大批生产和大量生产相近。因此,在生产中一般按单件小批、中批、大批大量生产来划分生产类型,并按这三种类型归纳其工艺特点（见表1-4）。

表 1-3　各种生产组织类型的划分

生产类型	零件年生产纲领（件/年）		
	重型机械	中型机械	轻型机械
单件生产	≤5	≤20	≤100
小批生产	5～100	20～200	100～500
中批生产	100～300	200～500	500～5000
大批生产	300～1000	500～5000	5000～50000
大量生产	>1000	>5000	>50000

表1-4　各种生产组织类型的特点

特点＼类型 项目	单件小批生产	中批生产	大批大量生产
加工对象	经常变换	周期性变换	固定不变
毛坯及加工余量	模样手工造型，自由锻。加工余量大	部分用金属模或模锻，加工余量中等	广泛用金属模机器造型、压铸、精铸、模锻。加工余量小
机床设备及其布置形式	通用机床，按类别和规格大小，采用机群式布置	通用机床与专用机床结合，按零件分类布置，流水线与机群式结合	广泛采用专用机床，按流水线或自动线布置
夹具	通用夹具、组合夹具和必要的专用夹具	广泛使用专用夹具、可调夹具	广泛使用高效专用夹具
刀具和量具	通用刀、量具	按产量和精度，通用刀、量具和专用刀、量具结合	广泛使用高效专用刀、量具
工件装夹方法	划线找正装夹，必要时用通用或专用夹具	部分划线找正，多用夹具装夹	广泛使用专用夹具
装配方法	多用配刮	少量配刮，多用互换装配方法	采用互换装配方法
生产率	低	一般	高
成本	高	一般	低
操作工人技术要求	高	一般	低

单件小批生产是指产品数量不多，生产中各工作地点的工作很少重复或不定期重复的生产。如重型机械等的生产，各种机械产品的试制、维修生产等。在单件小批生产时，其生产组织的特点是要适应产品品种的灵活多变。

中批生产是指产品以一定的生产批量成批地投入制造，并按一定的时间间隔周期性地重复生产。每一个工作地点的工作内容周期性地重复。一般情况下，机床的生产多属于中批生产。在中批生产时，采用通用设备与专用设备相结合，以保证其生产组织满足一定的灵活性和生产率的要求。

大批大量生产是指在同一工作地点长期进行一种产品的生产，其特点是每一工作地点长期地重复同一工作内容。大批大量生产一般适用于具有广阔市场前景且类型固定的产品，如汽车、轴承、自行车等。大批大量生产过程中，广泛采用自动化专用设备，按工艺顺序流水线方式组织生产。但其生产组织的灵活性（即柔性）差。

应该指出，前面介绍的是在计划经济、传统生产方式和传统概念下的生产组织类型，在数控加工设备和柔性生产没有出现和应用之前，是相当行之有效的。它遵循的是批量法则，即根据不同的生产纲领，组织不同层次的刚性生产线及自动化生产方式。随着市场经济和科学技术的发展，人民的生活水平不断提高，市场需求的变化越来越快，传统的大批大量生产方式越来越不适应市场对产品换代的需要。新产品在市场上能够为企业创造较高的利润，"有效寿命周期"越来越短，迫使企业不断地更新产品。尤其是数控加工设备和柔性生产制造系统的出现和发展，使得产品更快地更新换代成为现实，推动了传统的大批大量生产向着多品种、灵活高效的方向发展。传统的生产组织类型也正在发生深刻的变化。新概念下的生产组织类型正向着"以科学发展新观念为动力，以新技术、新设备为基础，以社会市场需求为导向"的柔性自动化生产方式转变。一些技术较先进、率先发展的大、中型企业通过技术改造，使各种生产类型的工艺过程都向着柔性化的方向发展。当然，对于一些生产中小批量产品的企业，改革发展要有一个时间过程。传统的技术理论仍有许多有用的价值，它也是现代理论的发展基础。

※　思考题和练习题

1-1　到企业学习减速器（或一种机械产品）的生产过程，并写下实习记录。

1-2　生产过程、工艺过程、工艺规程有何区别和联系？

1-3　减速器机体、输出轴的机械加工工序顺序可否随意前后颠倒？

1-4　什么是工序、安装、工位、工步和走刀？

1-5　什么是生产纲领、生产类型？简述各种生产组织类型的特点。

1-6　不同生产纲领中，数控加工设备对生产组织有什么影响？

第 2 章　机械加工工艺系统

【导读】　以领会表面成形原理与切削加工运动为切入点，了解机械加工工艺系统的构成，认识工艺系统是完成工件加工的一个有机整体，通过对工艺系统各组成部分基本知识的学习，领会其各组成部分在加工过程中的功用与重要性。

虽然机械产品种类繁多，机械零件的结构、尺寸、精度和表面质量要求各不相同，但它们的制造过程（尤其是表面形成原理）却存在共性，都是使零件的表面逐渐成形，并使其精度、性能等质量要求逐步实现的过程。因此，研究不同零件及加工方法，却有许多共同规律可循。

大多数机械零件，除了要求不高的非工作表面采用不去除材料的方法获得，其他表面成形过程都是通过刀具与被加工零件的相对运动并对其进行切削加工实现的。

为了方便，从毛坯到成品的整个制造过程中，将被加工对象统一称为工件。

零件的生产制造过程，主要是围绕如何对工件的表面进行切削加工，以达到零件几何精度要求的过程。而这个切削加工过程，要由金属切削机床、刀具、夹具、工件等相互联系和依赖的各部分，有机组合成系统整体来完成，这个系统称为机械加工工艺系统。

机床是提供加工运动和动力、确定其他部分位置和运动关系的基础，称为"工作母机"；夹具将工件定位夹紧，使其在加工过程中始终保持与机床或刀具的正确相对位置和相对运动关系；刀具执行切削任务，以获得要求的工件表面。

工件或其加工要求不同，机械加工工艺方法和加工工艺系统也不相同。

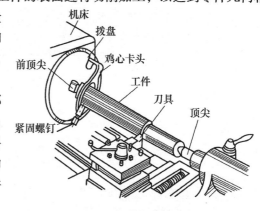

图 2-1　阶梯轴工件外圆车削加工工艺系统示意图

如图 2-1 所示为阶梯轴工件外圆车削加工工艺系统示意图。

本章将从零件表面构成及其成形原理切入，介绍机械加工工艺系统的构成及特性。

2.1　零件表面的成形和切削加工运动

2.1.1　零件表面的成形

零件表面通常是几种简单表面的组合，而这些简单表面如球面、圆柱面、圆锥面、双曲面、平面、成形表面等，按照几何成形原理，都可以看成是以一条线为素线，以另一条线为轨迹线（称为导线）做相对运动而形成的，如图 2-2 所示。

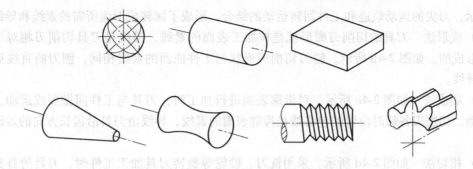

图 2-2　由简单表面形成的基本几何形体

　　球面可视为一条圆素线绕其直径回转而成；圆柱面是以一直线为素线，绕另一平行线做圆周旋转运动而形成；平面是以一直线为素线，以另一直线为轨迹，做平移运动而形成；直齿渐开线齿轮的轮齿表面，是由渐开线作素线，沿直线运动而成等，这类表面称为线性表面。形成工件上各种表面的素线和导线统称为发生线。

　　形成平面、圆柱面和直线成形表面的素线和导线，它们的作用可以互换，称之为可逆表面；而形成螺纹面、球面、圆环面和圆锥面的素线和导线其作用不可以互换，称之为非可逆表面。如前所述，零件的表面是几种简单表面的组合，那么这些组合而成的零件表面的总体获得方法，就可以是几种简单表面获得方法的组合。如图 2-3 所示为由几种简单表面组合的常见零件。

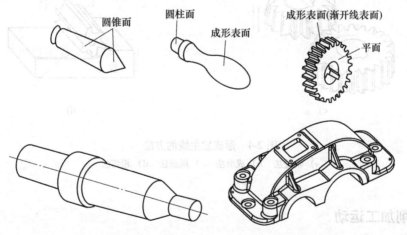

图 2-3　由几种简单表面组合的常见零件

　　按成形原理，零件表面的几何要素由发生线形成，而机械加工过程中，就是按照这些几何要素发生线的成形原理，加工形成零件的各表面。金属切削机床提供运动和动力，使工件与刀具之间在保证正确的相对位置基础上，实现具有内在联系的相对运动，结合刀具切削刃形状共同形成工件表面廓形。

　　如图 2-4 所示，形成发生线的方法可以分为以下四种：

　　（1）轨迹法　素线和导线都是刀具切削刃端点（刀尖）相对于工件的运动轨迹。如图

2-4a 所示，刀尖的运动轨迹和工件回转运动的结合，形成了回转成形面所需的素线和导线。

（2）成形法　刀具的切削刃廓形就是被加工表面的素线，导线是刀具切削刃相对于工件运动形成的。如图 2-4b 所示，刨刀切削刃形状与工件曲面的素线相同，刨刀的直线运动形成直导线。

（3）展成法　如图 2-4c 所示，对齿廓表面进行加工时，刀具与工件间做展成运动，即啮合运动，切削刃各瞬时位置的包络线是齿廓表面的素线，导线由刀具沿齿长方向的运动形成。

（4）相切法　如图 2-4d 所示，采用铣刀、砂轮等旋转刀具加工工件时，刀具的自身旋转运动形成圆形发生线，同时切削刃相对于工件的运动形成其他发生线。

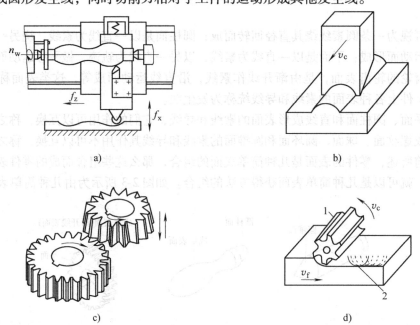

图 2-4　形成发生线的方法
a）轨迹法　b）成形法　c）展成法　d）相切法

2.1.2　切削加工运动

1. 表面成形运动

按形成工件表面发生线（素线和导线）的几何关系分析，为保证得到工件表面的形状所需的运动，称为成形运动。

按工件表面的形状和成形方法的不同，成形运动分为以下几种类型：

（1）简单成形运动　它是独立的成形运动，也是最基本的成形运动。如车外圆时，由工件回转运动和刀具的直线运动两个独立的运动形成圆柱面。

（2）复合成形运动　它是由两个或两个以上简单运动按照一定的运动关系合成的成形运动。如图 2-4c 所示，用展成法加工齿轮时，刀具的旋转运动必须与工件的旋转运动保持严格的相对运动关系，才能形成所需的渐开线齿面，因而这是一个复合成形运动。同理，车削螺纹时，螺纹表面的导线（螺旋线）必须由工件的回转运动和刀架的直线运动保持确定的相对运动关系才能形成，这也是一个复合的成形运动。

成形运动是形成工件表面发生线的运动形式。相同的表面可以有不同的成形方法和不同的成形运动形式。例如在车削回转曲面时，用成形方法加工，只需工件做回转运动；用轨迹法加工时，则需要两个独立的成形运动。

按金属切削过程的实现过程和连续进行的关系进行分类，成形运动可分为主运动和进给运动：

（1）主运动　主运动是实现切削所必需的运动，是最主要、最基本的运动，常称为切削运动。通常主运动速度、功率最高。一般机床的主运动只有一个，如车削加工时工件的回转运动，镗削、铣削和钻削时刀具的回转运动，用牛头刨床刨削时刨刀的直线运动等都是主运动。

（2）进给运动　进给运动是与主运动配合、使得切削能够连续进给的运动。通常它消耗的动力较少，可由一个或多个运动组成。根据刀具相对于工件被加工表面运动的方向不同，进给运动分为纵向进给、横向进给、圆周进给、径向进给和切向进给运动等。

此外，进给运动也可以分为轴向（如钻床）、垂直和水平（如铣床）方向进给运动。进给运动可以是连续的（如车削），也可以是周期间断的（如刨削）。例如多次进给车外圆时，纵向进给运动 v_f 是连续的，横向进给运动 v_{ap} 是间断的。

几种加工方法的切削运动如图 2-5 所示。

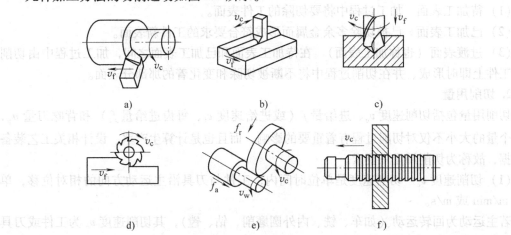

图 2-5　几种加工方法的切削运动

2. 辅助运动

除主运动和进给运动外，完成机床工作循环，还需要一些其他的辅助运动。如：

（1）空行程运动　如刀架、工作台快速接近和退出工件等，可节省辅助时间。

（2）切入、切出运动　切入、切出运动是指为保证被加工表面获得所需尺寸或完整表面，刀具相对于工件表面预先进行工作进给和退刀前多切一段裕量的运动。

（3）分度运动　分度运动是使刀具或工件运动到所需角度或位置，用于加工若干个完全相同的沿圆周均匀分布的表面，也有在直线分度机上刻直尺时工件相对于刀具的直线分度运动。

（4）操纵及控制运动　它包括变速、换向、起停及工件的装夹等。

2.1.3　工件表面与切削要素

1. 切削过程中的工件表面

在刀具和工件做相对运动的切削过程中，工件表面的多余金属层不断地被刀具切下转变为切屑，从而加工出所需的工件新表面。因此在加工过程中，工件上有三个依次变化着的表面，如图 2-6 所示。

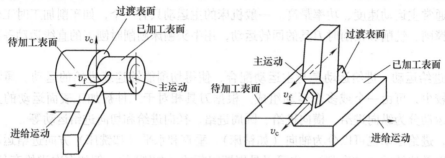

图 2-6　切削过程中的工件表面

（1）待加工表面　加工过程中将要切除的工件表面。

（2）已加工表面　已被切除多余金属而形成符合要求的工件新表面。

（3）过渡表面（也称加工表面）　在待加工表面和已加工表面之间，加工过程中由切削刃在工件上即时形成、并在切削过程中将不断被切除和变化着的那部分表面。

2. 切削用量

切削用量包括切削速度 v_c、进给量 f（或进给速度 v_f、每齿进给量 f_z）和背吃刀量 a_p，这三个量的大小不仅对切削过程有着重要的影响，而且也是计算生产率、设计相关工艺装备的依据，故称为切削用量三要素。

（1）切削速度 v_c　切削速度是单位时间内，工件与刀具沿主运动方向的相对位移，单位为 m/min 或 m/s。

若主运动为回转运动（如车、铣、内外圆磨削、钻、镗），其切削速度 v_c 为工件或刀具最大直径处的线速度，计算公式为

$$v_c = \frac{\pi dn}{1000} \tag{2-1}$$

式中　d——刀具切削刃处的最大直径或工件待加工表面处的直径（mm）；

　　　n——刀具或工件的转速（r/min）。

若主运动为往复直线运动（如刨削、插削），切削速度 v_c 的平均值为

$$v_c = \frac{2Ln_r}{1000} \tag{2-2}$$

式中　L——往复运动的行程长度（mm）；

　　　n_r——主运动每分钟的往复次数（str/min）。

（2）进给量 f 即每转进给量，是指主运动每转一转（即刀具或工件每转一转），刀具与工件间沿进给运动方向上的相对位移，单位为 mm/r。

进给量还可以用进给速度 v_f 或每齿进给量 f_z 来表示。

1）进给速度 v_f：进给速度是指单位时间内，刀具与工件沿进给运动方向上的相对位移，单位为 mm/min 或 mm/s。

2）每齿进给量 f_z：对于多齿刀具而言（如麻花钻、铰刀、铣刀等），当刀具转过一个刀齿时，刀具与工件沿进给运动方向上的相对位移为每齿进给量，单位为 mm/z。

上述三者关系为

$$v_f = nf = nf_z z \tag{2-3}$$

式中　n——主运动转速（r/min）；

　　　z——刀具的圆周齿数。

（3）背吃刀量 a_p 已加工表面与待加工表面之间的垂直距离（周铣法除外）为背吃刀量，单位为 mm。

对于外圆车削

$$a_p = \frac{d_w - d_m}{2} \tag{2-4}$$

式中　d_w——工件待加工表面处直径（mm）；

　　　d_m——工件已加工表面处直径（mm）。

对于钻孔

$$a_p = \frac{d_0}{2} \tag{2-5}$$

式中　d_0——麻花钻直径（mm）。

3. 切削层参数

切削层是指刀具的切削刃在一次走刀的过程中从工件表面上切下的一层金属。切削层的截面尺寸称为切削层参数。切削层参数不仅决定了切屑尺寸的大小，而且对切削过程中产生的切削变形、切削力、切削热和刀具磨损等现象也有一定的影响。

以外圆车削为例，如图 2-7 所示，当工件旋转一转时，刀具沿进给方向向前移动一个进给量，即从位置Ⅰ移动到位置Ⅱ，此时切下的一层金属为切削层。过切削刃的某一选定点，在基面内测量切削层的截面尺寸，即为切削层参数。

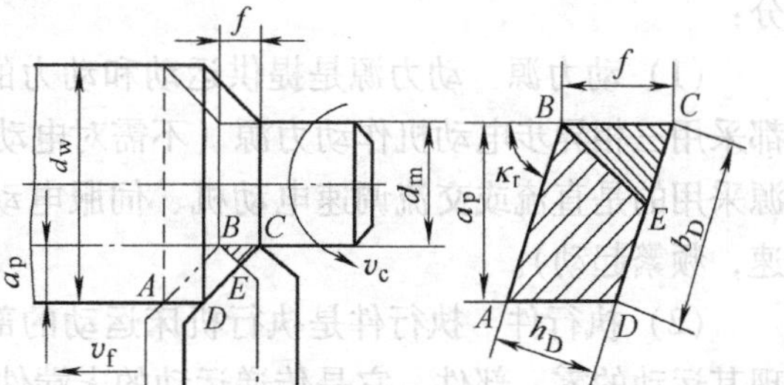

（1）切削层公称厚度 h_D 在基面内垂直于主切削刃方向测量的切削层尺寸，单位为 mm。

图 2-7 外圆车削时的切削层参数

$$h_D = f\sin\kappa_r \tag{2-6}$$

（2）切削层公称宽度 b_D 在基面内沿着主切削刃方向测量的切削层尺寸，单位为 mm。

$$b_D = a_p/\sin\kappa_r \tag{2-7}$$

（3）切削层公称面积 A_D　在基面内测量的切削层横截面积，单位为 mm^2。

由图 2-7 可以看出，切削层横截面并非平行四边形 $ABCD$，而是近似于平行四边形的 $ABED$，两者相差一个 $\triangle BCE$。在切削过程中，切削刃没有切下 $\triangle BCE$ 区域的金属，而是残留在工件的已加工表面上，这一区域称为残留面积 ΔA_D。残留面积的存在使工件已加工表面变得粗糙。因此当残留面积 ΔA_D 较小时，切削层公称面积 A_D 可近似按下式计算：

$$A_D \approx h_D b_D = f a_p \tag{2-8}$$

2.2　金属切削机床

2.2.1　金属切削机床概述

1. 金属切削机床的作用和特点

金属切削机床是将毛坯切削加工成零件的机器，它按照人的需求，提供刀具与工件之间的相对运动、加工过程中所需的动力，使工艺系统经济地完成一定的机械加工工艺。在机床上采用合适的刀具，可加工各种金属、非金属材料的零件。按机床能够提供的工件表面发生线形成的运动，不仅可以加工简单的表面（如平面、圆柱面等），也可以加工由复杂的数学方程式所描述的表面。

机床的种类很多，功能各异。机床的质量和性能直接影响机械产品的加工质量和经济加工的适用范围，而且它总是随着机械工业工艺水平的提高和科学技术的发展而发展。在机械制造过程中，机床选用正确与否、机床的工艺性能是否充分发挥都至关重要。

新型机床和刀具的出现，电气、液压等技术的发展以及计算机的应用，使机床的加工生产率、加工精度、自动化程度不断提高。现代机床的发展，不仅要满足性能要求，还要考虑艺术性、宜人性、工业环境的美化，使人机关系达到最佳状态。

2. 机床的组成及布局

机床的各种运动和动力都来自动力源，并由传动装置将运动和动力传递给执行件来完成各种要求的运动。因此，为了实现加工过程中所需的各种运动，机床必须具备三个基本部分：

（1）动力源　动力源是提供运动和动力的装置，是执行件的运动来源。普通机床通常都采用三相异步电动机作动力源（不需对电动机进行调整，可连续工作）；数控机床的动力源采用的是直流或交流调速电动机、伺服电动机和步进电动机等（可直接对电动机进行调速，频繁起动）。

（2）执行件　执行件是执行机床运动的部件，通常指机床上直接夹持刀具或工件并实现其运动的零、部件。它是传递运动的末端件，其任务是带动工件或刀具完成一定形式的运动（旋转或直线运动）和保持准确的运动轨迹。常见的执行件有主轴、刀架、工作台等。

（3）传动装置　传动装置是传递运动和动力的装置。传动装置把动力源的运动和动力传给执行件，同时还完成变速、变向、改变运动形式等任务，使执行件获得所需要的运动速度、运动方向，如图 2-8 所示为 CA6132 型车床的外形图。

机床的布局是指机床各个组成部件的位置以及被加工零件的位置。为保证操作安全、维护和观察加工过程方便、易于排屑等，机床通常有如下几种布局：

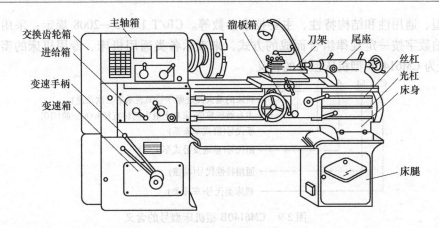

图 2-8　CA6132 型车床的外形图

1）刀具布置在被加工零件的前面或后面，如车床、外圆磨床和齿条铣齿机床等，床身是水平布置的。

2）刀具布置在工件的侧面，如滚齿机、卧式镗床、刨齿机和卧式拉床等，所有主要部件都沿轴向布局，宜制成框架结构。

3）刀具布置在工件的上方，如卧式和立式铣床、平面磨床、钻床、插床、插齿机、坐标镗床和珩磨机等，机体为立式布局，便于观察工件和加工过程。

4）刀具相对于工件扇形布置，几把刀从不同的方向同时加工一个零件，如立式车床、龙门刨床、龙门铣床等。此类机床都有刚性框架，在框架上安装刀具（刀架和铣头等）。

3. 机床的分类

掌握机床分类和型号，有利于在制定工艺过程中合理正确地选用机床，充分发挥机床的功能。

金属切削机床的功用、结构、规格和精度是各式各样的，根据国家标准 GB/T 15375—2008，按加工性质和所用刀具的不同分为 11 大类，包括车床、钻床、镗床、磨床、齿轮加工机床、螺纹加工机床、铣床、刨插床、拉床、锯床和其他机床。

（1）按通用性程度分

1）通用机床（即万能机床）：用于单件小批量生产或修配生产中，可对多种零件完成各种不同的工序加工。

2）专门化机床：用于大批大量生产中，加工不同尺寸的同类零件，如曲轴轴颈车床。

3）专用机床：用来加工某一零件的特定工序，仅用于大量生产，根据特定的工艺要求专门设计制造。

（2）按机床质量分　可分为仪表机床、中型机床（10t 以下）、大型机床（10～30t）、重型机床（30～100t）和超重型机床（100t 以上）。

（3）按加工精度分　可分为普通精度机床、精密机床和超精密机床等。

（4）按自动化程度分　可分为手动机床、机动机床、半自动机床和自动机床。

（5）按加工过程的控制方式分　可分为普通机床、数控机床、加工中心和柔性制造单元等。

机床的型号是为了方便地管理和使用机床，而按一定规律赋予机床的代号，用于表示机床的类型、通用性和结构特性、主要技术参数等。GB/T 15375—2008 规定：采用拼音字母和阿拉伯数字按一定规律组合而成的方式，来表示各类通用机床、专用机床的型号。如图 2-9 所示为 CM6140B 型机床型号的含义。

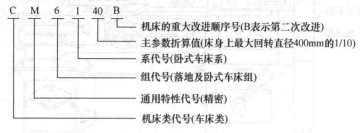

图 2-9　CM6140B 型机床型号的含义

2.2.2　金属切削机床的传动

机床的传动有机械、液压、气动、电气等多种形式，机械传动工作可靠、维修方便，在机床传动上应用最为广泛，下面首先介绍机床上常用的机械传动。

1. 机床的机械传动

由于机床的原动力绝大部分是来自电动机，而机床的主运动和进给运动根据实际情况，需要不同的运动方式和运动速度，为此机床需要采用不同的传动方式，如带传动、齿轮传动、蜗杆传动、齿轮齿条传动、丝杠螺母传动等。每一对传动元件称为一个传动副。传动副的传动比等于从动轮转速与主动轮转速之比，即 $i = n_从/n_主$。

（1）机床常用的传动副

1）带传动：带传动是利用带与带轮之间的摩擦作用，将主动轮的转动传到从动轮上去。目前，在机床传动中一般用 V 带传动，如图 2-10 所示。

如不考虑带与带轮之间的相对滑动对传动的影响，主动轮和从动轮的圆周速度都与带的速度相等，即 $v_1 = v_2 = v_带$。其中

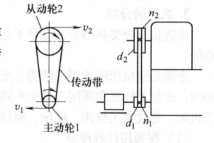

图 2-10　V 形带传动

$$v_1 = \frac{\pi d_1 n_1}{1000}, \quad v_2 = \frac{\pi d_2 n_2}{1000}$$

传动比

$$i = \frac{n_2}{n_1} = \frac{d_1}{d_2}$$

式中　d_1，d_2——主动轮、从动轮的直径，单位为 mm；

　　　n_1，n_2——主动轮、从动轮的转速，单位为 r/min。

从上式可知，带轮的传动比等于主动轮直径与从动轮直径之比。如果考虑带传动中的打滑，则其传动比为

$$i = \frac{n_2}{n_1} = \frac{d_1}{d_2}\varepsilon$$

式中　ε——打滑系数，约为 0.98。

　　带传动的优点是传动平稳，中心距变化范围大；结构简单，制造维修方便；过载时带打滑，起到安全保护的作用。但其外廓尺寸大，传动比不准确，摩擦损失大，传动效率低。

　　2）齿轮传动：齿轮传动是目前机床中应用最多的一种传动方式，齿轮的种类很多，有直齿轮、斜齿轮、锥齿轮、人字齿轮等，其中最常用的是直齿圆柱齿轮。齿轮传动如图 2-11 所示。

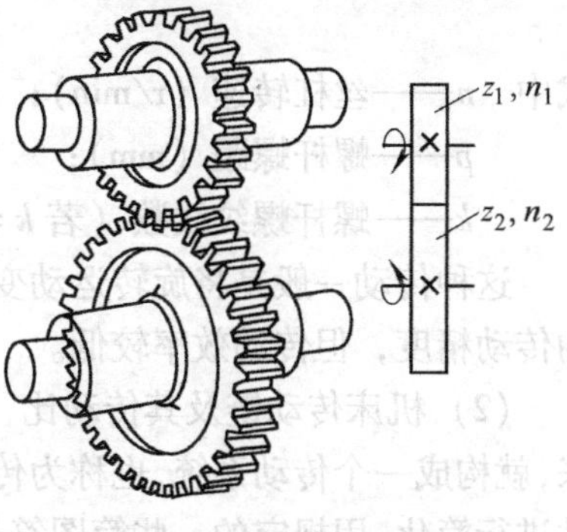

　　齿轮传动中，主动轮转过一个齿，被动轮也转过一个齿，主动轮和从动轮每分钟转过的齿数应该相等，即 $n_1 z_1 = n_2 z_2$。故传动比为

$$i = \frac{n_2}{n_1} = \frac{z_1}{z_2}$$

图 2-11　齿轮传动

式中　n_1，n_2——主动轮、从动轮的转速（r/min）；

　　　　z_1，z_2——主动轮、从动轮的齿数。

　　从上式可知，齿轮传动的传动比等于主动齿轮与从动齿轮齿数之比。

　　齿轮传动的优点是机构紧凑，传动比准确，可传递较大的圆周力，传动效率高。缺点是制造比较复杂，当精度不高时传动不平稳，有噪声。

　　3）蜗杆传动：蜗杆传动中，都是蜗杆为主动件，将运动传给蜗轮，反之则无法传动，如图 2-12 所示。

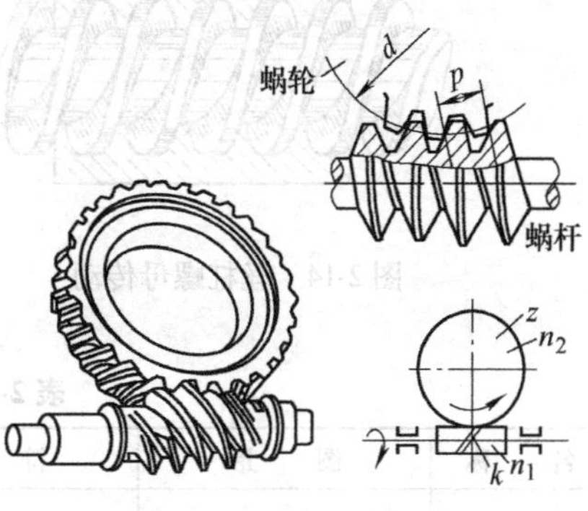

　　其传动比为

$$i = \frac{n_2}{n_1} = \frac{k}{z}$$

式中　n_1，n_2——蜗杆、蜗轮的转速（r/min）；

　　　　k——蜗杆的螺纹头数；

　　　　z——蜗轮的齿数。

　　蜗杆传动的优点是可以获得较大的传动比，而且传动平稳，噪声小，结构紧凑。但其传动效率较齿轮传动低，需要有良好的润滑条件。

图 2-12　蜗杆传动

　　4）齿轮齿条传动：齿轮齿条传动可以将旋转运动变为直线运动（齿轮为主动件），也可以将直线运动变为旋转运动（齿条为主动件），其结构如图 2-13 所示。若齿轮逆时针旋转，则齿条向左做直线运动。其移动速度为

$$v = pzn = \pi m z n$$

式中　z——齿轮齿数；

　　　　n——齿轮转速（r/min）；

　　　　p——齿轮、齿条的齿距（mm），$p = \pi m$；

　　　　m——齿轮、齿条的模数（mm）。

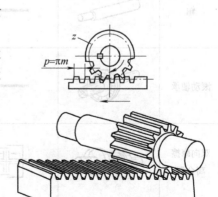

图 2-13　齿轮齿条传动

　　齿轮齿条传动的效率较高，但制造精度不高时传动的平稳性和准确性较差。

5）丝杠螺母传动：如图2-14所示，通常丝杠旋转，螺母不转，则它们之间沿轴线方向的相对移动速度为

$$v = knp$$

式中　n——丝杠转速（r/min）；

　　　p——螺杆螺距（mm）；

　　　k——螺杆螺纹线数（若 $k=1$，则为单线螺纹）。

这种传动一般是将旋转运动变为直线移动。其优点是传动平稳，噪声小，可以达到较高的传动精度，但传动效率较低。

（2）机床传动链及其传动比　如果将基本传动方法中某些传动副按传动轴依次组合起来，就构成一个传动系统，也称为传动链。为了便于分析传动链中的传动关系，可以把各传动件进行简化，用规定的一些简图符号（见表2-1）组成传动图。传动链图例如图2-15所示。

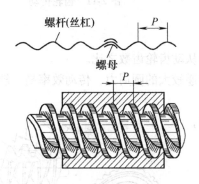

图2-14　丝杠螺母传动

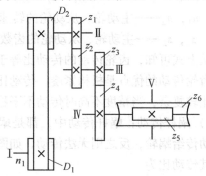

图2-15　传动链图例

表2-1　常用传动体的简图符号

名　　称	图　　形	符　　号	名　　称	图　　形	符　　号
轴			滑动轴承		
滚动轴承			推力轴承		
双向摩擦 离合器			双向滑动 齿轮		
螺杆传动 （整体螺母）			螺杆传动 （开合螺母）		

（续）

名　称	图　形	符　号	名　称	图　形	符　号
平带传动			V 带传动		
齿轮传动			蜗杆传动		
齿轮齿条传动			锥齿轮传动		

运动从轴 I 输入，转速为 n_1，经带轮 D_1、D_2 传至轴 II，经圆柱齿轮 z_1、z_2 传至轴 III，经圆柱齿轮 z_3、z_4 传至轴 IV，再经蜗轮 z_6 和蜗杆 z_5 传至轴 V，把运动输出。此传动链的传动路线可用下面方法来表达：

$$\text{I} \xrightarrow{\dfrac{D_1}{D_2}} \text{II} \xrightarrow{\dfrac{z_1}{z_2}} \text{III} \xrightarrow{\dfrac{z_3}{z_4}} \text{IV} \xrightarrow{\dfrac{z_5}{z_6}} \text{V}$$

此传动链的总传动比等于传动链中所有传动副传动比的乘积。所以传动链总传动比为

$$i_{\text{I} \sim \text{V}} = \frac{n_\text{V}}{n_\text{I}} = i_1 i_2 i_3 i_4 i_5 = \frac{D_1}{D_2} \varepsilon \frac{z_1}{z_2} \frac{z_3}{z_4} \frac{z_5}{z_6}$$

输出轴 V 的转速为

$$n_\text{V} = n_1 i_{\text{I} \sim \text{V}}$$

（3）机床上常见的变速机构　为适应不同的加工要求，机床的主运动和进给运动的速度需经常变换。因此，机床传动系统中要有变速机构。变速机构有无级变速和有级变速两类。目前，有级变速广泛用于中小型通用机床中。

通过不同方法变换两轴间的传动比，当主动轴转速固定不变时，从动轴得到不同的转速，从而实现机床运动有级变速。常用的变速结构有以下两种：

1）滑动齿轮变速机构　滑动齿轮变速机构是通过改变滑动齿轮的位置进行变速，如图 2-16 所示。

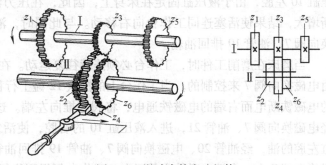

图 2-16　滑动齿轮变速机构

齿轮 z_1，z_3，z_5 固定在轴Ⅰ上，由齿轮 z_2，z_4，z_6 组成的三联滑移齿轮与Ⅱ轴键连接，并可轴向移动。通过手柄拨动三联滑移齿轮，可改变其在轴上的位置，实现轴Ⅰ、Ⅱ间不同齿轮的啮合，获得不同传动比，从而使轴Ⅱ获得不同转速。

这种变速机构变速方便（但不能在运转中变速），结构紧凑，传动效率高，机床中应用最广。

2）离合器式齿轮变速：离合器式齿轮变速是利用离合器进行变速。如图 2-17 所示为一牙嵌离合器齿轮变速机构，在轴Ⅰ（主动轴）上固定有齿轮 z_1，z_3，轴Ⅱ（从动轴）左右两侧有空套齿轮 z_2，z_4，在轴Ⅱ中间部位安装有牙嵌离合器，并与键连接。当手柄左移牙嵌离合器时，牙嵌离合器左侧

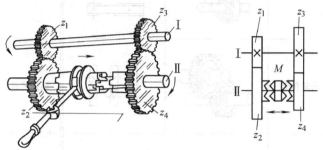

图 2-17　离合器式齿轮变速机构

端面花键与空套齿轮 z_2 端面花键相啮合，通过齿轮 z_1、z_2 的啮合把运动和动力从轴Ⅰ传至轴Ⅱ；当手柄右移牙嵌离合器时，牙嵌离合器右侧端面花键与空套齿轮 z_4 端面花键相啮合，通过齿轮 z_3、z_4 的啮合把运动和动力从轴Ⅰ传至轴Ⅱ。这样利用轴Ⅰ、Ⅱ间不同的齿轮副啮合，可获得不同的传动比，使轴Ⅱ获得不同的转速。

离合器变速机构变速方便，变速时齿轮不需移动，可采用斜齿轮传动，使传动平稳，齿轮尺寸大时操纵比较省力，可传递较大的转矩，传动比准确。但不能在运转中变速，各对齿轮经常处于啮合状态，故磨损较大，传动效率低。该机构多用于重型机床及采用斜齿轮传动的变速箱等。

2. 机床的液压传动

液压传动是应用液体作为工作介质，通过液压元件来传递运动和动力的。这种传动形式具有许多突出的优点，因此在机床上的应用日益广泛。

（1）液压传动简介　机床上应用液压传动的地方很多，如磨床的进给运动一般采用液压传动。下面介绍一个简化了的平面磨床工作台液压系统。

如图 2-18 所示为平面磨床工作台液压系统原理图。液压泵 3 由电动机带动旋转，并从油箱 1 中吸油，油液经过滤器 2 进入液压泵，通过液压泵内部的密封腔容积的变化输出压力油。在图示状态下，压力油经油管 16、节流阀 5、油管 17、电磁换向阀 7、油管 20，进入液压缸 10 左腔，由于液压缸固定在床身上，因此，在压力油推动下，迫使液压缸左腔容积不断增大，结果使活塞连同工作台向右移动。与此同时，液压缸右腔的油，经油管 21、电磁换向阀 7、油管 19 排回油箱。

当磨床在磨削工件时，工作台必须连续往复运动。在液压系统中，工作台的运动方向是由电磁换向阀 7 来控制的。当工作台上的撞块 12 碰上行程开关 11 时，使电磁换向阀 7 左端的电磁铁断电而右端的电磁铁通电，将阀芯推向左端。这时，管路中的压力油将从油管 17 经电磁换向阀 7、油管 21，进入液压缸 10 的右腔，使活塞连同工作台向左移动，同时液压缸左腔的油，经油管 20、电磁换向阀 7、油管 19 排回油箱 1。在行程开关 11 的控制下，电磁换向阀 7 左、右端电磁铁交替通电，工作台便得到往复运动，磨削加工则可持续进行。当

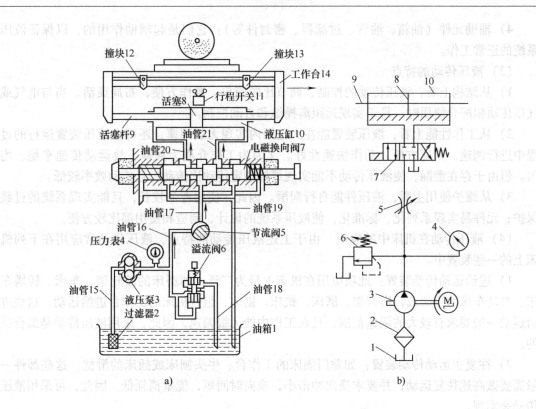

图 2-18　平面磨床工作台液压系统原理图

左、右两端电磁铁都断电时，其阀芯处于中间位置，这时进油路及回油路之间均不相通，工作台便停止不动。

磨床在磨削工件时，根据加工要求不同，工作台运动速度应能进行调整。在图示液压系统中，工作台的移动速度是通过节流阀 5 来调整的。当节流阀 5 开口开大时，进入液压缸的油液增多，工作台移动速度增大；当节流阀开口关小时，工作台移动速度减小。

磨床工作台在运动时要克服磨削力和相对运动件之间的摩擦力等阻力。要克服的阻力越大，则缸中的油液压力越高；反之，压力就越低。因此，液压系统中应有调节油液压力的元件。在图示液压系统中，液压泵出口处的油液压力是由溢流阀 6 决定的。当油液的压力升高到超过溢流阀的调定压力时，溢流阀 6 开启，油液经油管 18 排回油箱 1，油液的压力就不会继续升高，稳定在调定的压力范围内。可见，溢流阀能使液压系统过载时溢流，维持系统压力近于恒定，起到安全保护作用。

（2）液压传动系统的组成　一般液压传动系统主要由以下几部分组成。

1）动力元件（液压泵）：其作用是将机械能转换成油液液压能，给液压系统提供压力油。

2）执行元件（液压缸或液压马达）：其作用是将液压能转换为机械能并分别输出直线运动或旋转运动。

3）控制元件（溢流阀、节流阀及换向阀等）：其作用是分别控制液压系统油液的压力、流量和流动方向，以满足执行元件对力、速度和运动方向的要求。

　　4）辅助元件（油箱、油管、过滤器、密封件等）：它们是起辅助作用的，以保证液压系统的正常工作。

　　（3）液压传动的特点

　　1）从结构上看，液压传动的控制、调节比较简单，操作方便，布局灵活。当与电气或气压传动相配合使用时，易于实现远距离操纵和自动控制。

　　2）从工作性能上看，液压装置能在大范围内实现无级调速，还可在液压装置运行的过程中进行调速，调速方便，动作快速性好。又因为工作介质为液体，故运动传递平稳、均匀。但由于存在泄漏，使液压传动不能实现严格的定传动比传动，且传动效率较低。

　　3）从维护使用上看，液压件能自行润滑。因此，使用寿命较长，且能实现系统的过载保护；元件易实现系列化、标准化，使液压系统的设计、制造和使用都比较方便。

　　（4）液压传动在机床中的应用　由于上述液压传动的特点，液压传动常应用在下列机床上的一些装置中。

　　1）进给运动传动装置：此项应用在机床上最为广泛，如磨床的砂轮架，车床、转塔车床、自动车床的刀架或转塔刀架，磨床、铣床、刨床、组合机床的工作台进给运动。这些进给运动一般要求有较大的调速范围，且在工作中能无级调速，因此，采用液压传动是最合适的。

　　2）往复主运动传动装置：如龙门刨床的工作台、牛头刨床或插床的滑枕，这些部件一般需要做高速往复运动，并要求换向冲击小，换向时间短，能量消耗低。因此，可采用液压传动来实现。

　　3）仿形装置：用于车床、铣床、刨床上的仿形加工，如仿形车床的仿形刀架。由于工作时要求灵敏性好，靠模接触力小，寿命长，故可采用液压伺服系统来实现。

　　4）辅助装置：如机床上的夹紧装置、变速操纵装置、工件和刀具装卸装置、工件输送装置等，均可采用液压传动来实现。这样，有利于简化机床结构，提高机床自动化的程度。

　　此外，液压传动还应用在数控机床及静压支承等方面。

2.2.3　数控机床概述

　　数控技术使机械制造方法与设备发生了一场革命。数控机床是现代机电一体化产品的代表，其高度的自动化、现代化、柔性化程度，使机床水平和机械制造技术发生了飞跃。数控机床解决了形状复杂、高精密、生产批量不大且生产周期短及产品更换频繁的多品种、小批量产品的制造工艺难题，数控机床具有高效能和灵活的特点，是构成柔性制造系统、计算机集成制造系统的基础单元。

1. 数控机床加工的基本原理

　　几乎各种传统普通机床都可以有对应的数控机床，目前常见的有数控车床、数控钻床、数控镗床、数控铣床、数控磨床、加工中心等。

　　如图 2-19 所示为数控机床加工基本原理框图。其工作过程是：根据零件图样中的数据和工艺内容，用数控代码，编制零件加工的数控程序。数控程序是机床自动加工工件的工作指令，可以由人工进行，也可以由计算机或数控装置完成。编制好的数控程序通过输入输出设备存放或记录在相应的控制介质上。

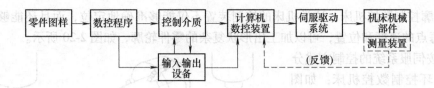

图 2-19 数控机床加工基本原理框图

控制介质是记录零件加工数控程序的媒介。输入输出设备是数控系统与外部设备交互信息的装置，用来交互数控程序。输入输出设备除了将零件加工的数控程序存放或记录在控制介质之外，还能将数控程序输入到数控系统。早期的数控机床所使用的控制介质是穿纸带或磁带，相应的输入输出设备为纸带穿孔机和纸带阅读机等，现代的数控机床则主要使用磁盘驱动器。

计算机数控装置是数控机床实现自动加工的核心。它接收输入设备送来的控制介质上的信息，经数控系统进行编译、运算和逻辑处理后，输出各种信号和指令给伺服驱动系统，以控制机床各部分进行有序地动作。

伺服驱动系统是数控系统与机床本体之间电气传动的联系环节。它能将数控系统送来的信号和指令放大，以驱动机床的执行部件，使每个执行部件按规定的速度和轨迹运动或精确定位，以便加工出合格的零件。因此，伺服驱动系统的性能和质量是决定数控机床加工精度和生产率的主要因素之一。伺服系统中常用的驱动装置有步进电动机、调速直流电动机和交流电动机等。

机床机械部件是数控机床的主体，是数控系统控制的对象，是实现零件加工的执行部件。其结构与非数控机床相似，也是由主传动部件、进给传动部件、工件安装装置、刀具安装装置、支承件及动力源等部分组成。传动机构和变速系统较为简单，但在精度、刚度和抗震性等方面有较高的要求，且传动和变速系统要便于实现自动化控制。对于加工中心类机床，还要有存放刀具的刀库、自动交换刀具的机械手等部件。对于闭环或半闭环数控机床，还包括位置测量装置及信号反馈系统，如图 2-19 中的虚线所示。

2. 数控机床的分类

数控机床一般按以下几种方法分类：

（1）按工艺用途分

1）普通数控机床：在加工工艺过程中的一个工序上实现数字控制的自动化机床，自动化程度还不够完善，工艺性和通用机床相似，刀具更换、零件装夹仍需人工完成。

2）加工中心：加工中心是带刀库和自动换刀装置的数控机床，又称为多工序数控机床，简称加工中心。在一次装夹后，可进行多种工序、工位加工，可以有效避免由于多次安装造成的定位误差，并提高加工生产率。

（2）按运动轨迹分

1）点位控制数控机床：这类机床的数控装置只能控制行程终点的坐标值，在移动过程中不进行切削加工。

2）点位直线控制数控机床：这类机床不仅要求具有准确的定位功能，还要求当机床的移动部件移动时，可沿平行于坐标轴的直线及与坐标轴成 45° 的斜线进行切削加工。

3）轮廓控制数控机床：这类机床的控制装置不仅能够准确地定位，而且还能够控制加工过程中每点的速度和位置，可以加工出形状复杂的零件轮廓，如图 2-20 所示。

（3）按伺服系统的控制方式分

1）开环控制数控机床：如图 2-21 所示，机床没有检测反馈装置，机床加工精度不高，其精度主要取决于伺服系统的性能。

2）闭环控制数控机床：如图 2-22 所示，在闭环控制数控机床中增加了反馈检测装置，在加工中即时检测、反馈机床移动部件的位置，即检测偏差、修正偏差，以达到很高的加工精度。

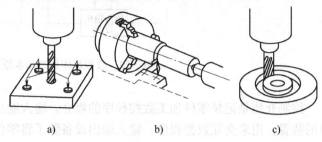

a)　　　　　b)　　　　　c)

图 2-20　点位控制、直线控制、轮廓控制示意图

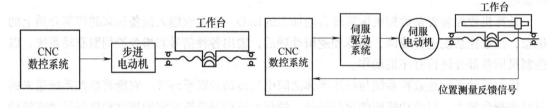

图 2-21　开环控制系统原理　　　　　图 2-22　闭环控制系统原理

3）半闭环控制数控机床：如图 2-23 所示，半闭环控制数控机床中的反馈检测装置，测量的不是机床工作台的实际位置，而是测量伺服电动机的转角，推算工作台的实际位移量，将推算值与指令值进行比较，用此差值来实现控制、定位。半闭环控制虽然精度不如闭环控制，但调整方便，目前仍为大多数数控机床所采用。

如前所述，几乎所有传统的加工机床都可以有对应的数控机床。因此除了上述介绍的几种数控机床之外，按分类

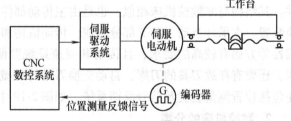

图 2-23　半闭环控制系统原理

方法不同，还有许多种类，比如金属塑性成形机床：包括数控折弯、弯管等机床；特种加工、检测用的数控线切割、电火花、三坐标测量等机床。

3. 数控机床的特点

数控机床的机械结构尤其是传动系统非常简单，机床的功能却大大扩充，机床的自身精度、加工精度和加工效率显著提高。与普通机床相比，数控机床还有以下特点：

1）生产率可提高 3～5 倍，加工中心生产率则可提高 5～10 倍。

2）可获得比机床本身精度还高的加工精度。

3）可加工形状复杂的零件，且不需专用夹具。

4）可实现一机多用，减轻劳动强度且节省厂房面积。

5）利于发展计算机控制和管理，利于发展机械加工综合自动化。

6）数控机床初期投资及维修技术等费用较高，要求管理及操作人员的素质也较高。

数控机床是一种灵活的、高效能的自动化机床，是计算机辅助设计与制造、群控（DNC）、柔性制造系统（FMS）、计算机集成制造系统（CIMS，Computer Integrated Manufacturing System）等柔性加工最重要的装置，是柔性制造系统的基础。

2.3　刀具

2.3.1　刀具种类

金属切削刀具是工艺系统的重要组成部分，它直接参与切削过程，从工件上切除多余的金属层。刀具变化灵活，它是切削加工中影响生产率、加工质量和成本的最活跃的因素。在数控机床自身的技术性能不断提高的情况下，刀具的性能直接决定机床性能的发挥。

根据用途和加工方法不同，刀具有如下几类（见图 2-24）：

（1）切刀类　包括车刀、刨刀、插刀、镗刀、成形车刀、自动机床和半自动机床用的切刀以及一些专用切刀。一般多为只有一条主切削刃的单刃刀具。

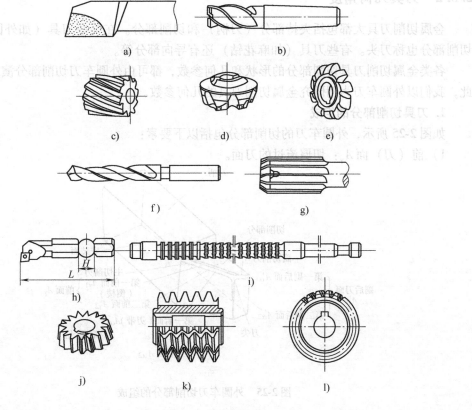

图 2-24　常见刀具类型

（2）孔加工刀具　孔加工刀具是在实体材料上加工出孔的或对原有孔扩大孔径（包括提高原有孔的精度和减小表面粗糙度值）的一种刀具。如麻花钻、扩孔钻、锪钻、深孔钻、铰刀、镗刀等。

（3）拉刀类　在工件上拉削出各种内、外几何表面的刀具，其生产率高，用于大批量生产，刀具成本高。

（4）铣刀类　它是一种应用非常广泛的在圆柱或端面具有多齿、多刃的刀具。它可以用来加工平面，各种沟槽、螺旋表面，轮齿表面和成形表面。

（5）螺纹刀具　是指用于加工内外螺纹表面的刀具。常用的有丝锥、板牙、螺纹切头、螺纹滚压工具及车刀、梳刀等。

（6）齿轮刀具　用于加工齿轮、链轮、花键等齿形的一类刀具。如齿轮滚刀、插齿刀、剃齿刀、花键滚刀等。

（7）磨具类　是用于表面精加工和超精加工的刀具。如砂轮、砂带、抛光轮等。

（8）组合刀具、自动线刀具　是根据组合机床和自动线特殊加工要求而设计的专用刀具，可以同时或依次加工若干个表面。

（9）数控机床刀具　刀具配置根据零件工艺要求而定，有预调装置、快速换刀装置和尺寸补偿系统。

2.3.2　刀具几何角度

金属切削刀具大都包括夹持部分（刀柄）和切削部分。在某些刀具（如外圆车刀）上切削部分也称刀头。有些刀具（如麻花钻）还有导向部分等。

各类金属切削刀具切削部分的形状和几何参数，都可由外圆车刀切削部分演变而来，因此，我们以外圆车刀为例研究金属切削刀具的几何参数。

1. 刀具切削部分的组成

如图 2-25 所示，外圆车刀的切削部分包括以下要素：

1）前（刀）面 A_γ：切屑流过的刀面。

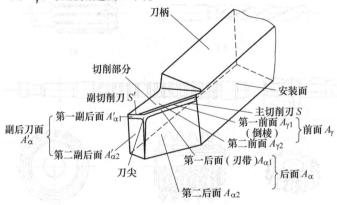

图 2-25　外圆车刀切削部分的组成

2）主后（刀）面 A_α：与加工表面相对的刀面。

3）副后（刀）面 A_α'：与工件已加工表面相对的刀面。

4）主切削刃 S：担任主要的切削工作，由前刀面与主后刀面相交的棱边形成。

5）副切削刃 S'：担任少量切削工作，由前刀面与副后刀面相交的棱边形成。

6）刀尖：主、副切削刃连接处的一部分切削刃，常指它们的实际交点。

在实际刀具上常见的刀尖结构如图 2-26 所示。

2. 刀具的几何角度

为定量地表示刀具切削部分的几何形状，必须把刀具放在一个确定的参考系中，用一组确定的几何参数确切表达刀具表面和切削刃在空间的位置，该几何参数就是刀具的几何角度。

度量刀具几何参数的参考系分为两类。一类是刀具的静止参考系，是用于定义刀具的设计、制造、刃磨和测量时几何参数的参考系，它不受刀具工作条件变化的影响，即只考虑主运动和进给的方向，不考虑进给运动速度的大小，刀具的安装定位基准与主运动方向平行或

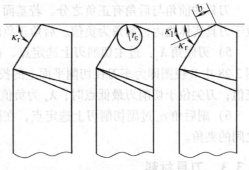

图 2-26　刀尖结构

垂直；另一类是刀具的工作参考系，即规定刀具切削加工时的几何参数的参考系，它与刀具安装情况、切削运动速度的大小和方向等有关。这里主要介绍刀具的静止参考系。

刀具的静止参考系由坐标平面和测量平面组成，坐标平面有如下两个：

基面 P_r：通过切削刃上的选定点，垂直于切削运动方向的平面。

切削平面 P_s：通过切削刃上的选定点，与切削刃相切并垂直于基面的平面。它与切削速度方向平行并切于工件的过渡表面。

测量平面有正交平面、法平面、假定工作平面和背平面等，这里只介绍正交平面。

通过切削刃上选定点并同时垂直于基面和切削平面的平面称为正交平面 P_o，它是测量平面。

由基面 P_r、切削平面 P_s、和正交平面 P_o 构成的正交平面参考系如图 2-27 所示。

在正交平面参考系中可确定如下刀具角度（如图 2-28 所示）：

1）主偏角 κ_r：过主切削刃上选定点，在基面内测量的主切削刃与进给运动方向的夹角。

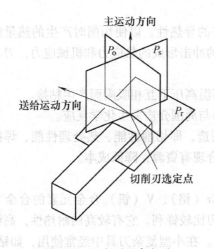

图 2-27　正交平面参考系

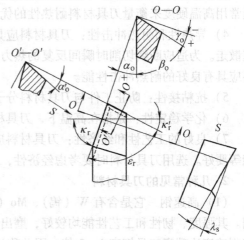

图 2-28　正交平面参考系内的角度

2）副偏角 κ_r'：过副切削刃上选定点，在基面内测量的副切削刃与进给运动反方向的夹

角。

3）前角 γ_o：过主切削刃上选定点，在正交平面内测量的前刀面与基面间的夹角。

4）后角 α_o：过主切削刃上选定点，在正交平面内测量的主后刀面与切削平面之间的夹角。

刀具的前角与后角有正负之分。若基面 P_r 位于刀具实体之外，前角为正值；若基面 P_r 位于刀具实体之内，前角为负值。后角正负的判断方法与前角相同。

5）刃倾角 λ_s：过主切削刃上选定点，在切削平面内测量的主切削刃与基面间的夹角。图 2-28 中 S 视图即为车刀在切削平面上的投影图。当刀尖是主切削刃上的最高点时，λ_s 为正值；刀尖位于切削刃最低点时，λ_s 为负值；主切削刃与基面平行时，$\lambda_s = 0°$。

6）副后角 α_o' 过副切削刃上选定点，在副正交平面 P_o' 内测量的副后刀面与副切削平面之间的夹角。

2.3.3　刀具材料

刀具材料是指刀具切削部分的材料。在切削加工中，刀具的切削部分完成切除余量和形成已加工表面的任务。刀具材料是工艺系统中影响加工效率和加工质量的重要因素，也是最灵活的因素。合理的刀具材料可显著提高切削加工生产率，降低刀具消耗，保证加工质量。

1. 刀具材料应具备的性能

1）硬度和耐磨性：高硬度是刀具材料应具备的最基本特性，而且要在切削高温情况下保持其高于被加工材料的硬度。为了减少切削过程中刀具不断受到的切屑和工件的摩擦引起的磨损，刀具材料必须具有高的耐磨粒磨损性能。

2）强度和韧性：切削工件时，刀具要承受很大的切削抗力，为了不产生脆性破坏和塑性变形，必须具有足够的强度。在切削不均匀的加工余量或断续加工时，刀具受很大的冲击载荷，脆性大的刀具材料易产生崩刃和打刀，因此要求刀具具有足够的冲击韧度和疲劳强度。

3）耐热性：耐热性是指在高温下能保持高硬度的能力，以适应切削速度提高的要求。通常用高温硬度来衡量刀具材料耐热性的优劣。

4）导热性和耐热冲击：刀具材料应具有良好的导热性，以便切削时产生的热量能迅速散走。为适应断续切削时瞬间反复的热力和机械的冲击形成的热应力和机械应力，刀具材料应具有良好的耐热冲击性能。

5）抗粘接性：防止工件与刀具材料分子间在高温高压下互相吸附而产生粘接。

6）化学稳定性：是指在高温下，刀具材料不易与周围介质发生化学反应。

7）良好的工艺性和经济性：刀具材料应便于制造，即切削性能、热处理性能、焊接性能等要好。选用刀具材料时要考虑经济性，还应结合现有资源，降低成本。

2. 几种常见的刀具材料

（1）高速钢　它是含有 W（钨）、Mo（钼）、Cr（铬）、V（钒）合金元素的合金工具钢。其强度、韧性和工艺性能均较好，磨出的切削刃比较锋利。它有较高的耐热性，高温下切削速度比碳素工具钢高 1~3 倍，因此称为高速钢。在小型复杂刀具中经常使用，如钻头、拉刀、成形刀具等。高速钢可用于加工的材料范围也很广泛，包括有色金属、铸铁、碳钢、合金钢等。

高速钢按用途不同，分为通用高速钢和高性能高速钢；按化学成分可分为钨系、钨钼系和钼系等；按制造工艺不同，分为熔炼高速钢和粉末冶金高速钢。

1）通用高速钢：国内外使用最多的通用高速钢牌号是 W6Mo5Cr4V2（M2 钼系）及 W18Cr4V（W18 钨系），碳的质量分数为 0.7% ~ 0.9%，硬度为 63 ~ 66HRC，不适于高速和硬材料切削。

新牌号的通用高速钢 W9Mo3Cr4V（W9）是根据我国资源情况研制的含钨量较多、含钼量较少的的钨钼钢。其硬度为 65 ~ 66.5HRC，有较好的硬度和韧性，热塑性、热稳定性都较好，焊接性能、磨削加工性能都较高，磨削效率比 M2 高 20%，表面粗糙度值也小。

2）高性能高速钢：指在普通高速钢中加入一些合金，如 Co、Al 等，使其耐热性、耐磨性又有进一步的提高，热稳定性提高，但综合性能不如通用高速钢，不同牌号只有在各自规定的切削条件下，才能达到良好的加工效果。我国正努力提高高性能高速钢的应用水平，如发展低钴高碳钢 W12Mo3Cr4V3Co5Si、含铝的超硬高速钢 W6Mo5Cr4V2Al、W10Mo4Cr4V3Al，其韧性、热塑性、导热性都很高，其硬度达 67 ~ 69HRC，可用于制造出口钻头、铰刀、铣刀等。

3）粉末冶金高速钢：可以避免熔炼钢产生的碳化物偏析，其强度、韧性比熔炼钢有很大提高，可用于加工超高强度钢、不锈钢、钛合金等难加工材料。用于制造大型拉刀和齿轮刀具，特别是制造切削时受冲击载荷的刀具效果更好。

（2）**硬质合金**　它是用高硬度、难熔的金属化合物（WC、TiC 等）微米数量级的粉末与 Co、Mo、Ni 等金属粘接剂烧结而成的粉末冶金制品。其高温碳化合物含量超过高速钢，具有硬度高（大于 89HRC）、熔点高、化学稳定性好、热稳定性好的特点，但其韧性差，脆性大、承受冲击和振动的能力低。其切削效率是高速钢的 5 ~ 10 倍，因此，硬质合金现在是主要的刀具材料。

1）普通硬质合金：常用的有 WC + Co（K、钨钴）类和 TiC + WC + Co（P、钨钛钴）类。

①WC + Co（K）类：常用的牌号有 K20、K01、K10、K20 等。数字表示 Co 的含量，此类硬质合金强度较高，硬度和耐磨性较差，主要用于加工铸铁及有色金属。Co 的含量越高，韧性越好，适合粗加工；含 Co 量少者适用于精加工。

②TiC + WC + Co（P）类：常用的牌号有 P30、P20、P15、P05 等。此类硬质合金硬度、耐磨性、耐热性都明显提高，但韧性、抗冲击性能差，主要用于加工钢料。含 TiC 量多，含 Co 量少，耐磨性好，适合精加工；含 TiC 量少，含 Co 量多，承受冲击性能好，适合粗加工。

2）新型硬质合金：在上述两类硬质合金的基础上，添加某些碳化物可以使其性能提高。如在 K 类中添加 TaC（或 NbC），可细化晶粒、提高硬度和耐磨性，而韧性不变，还可提高合金的高温硬度、高温强度和抗氧化能力，如 K10、K20 等。在 P 类添加合金，可提高抗弯强度、冲击韧度、耐热性、耐磨性及高温强度、抗氧化能力等。既可用于加工钢料，又可加工铸铁和有色金属，被称为通用合金（代号为 YW）。此外，还有 TiC（或 TiN）基硬质合金（又称金属陶瓷）、超细晶粒硬质合金等。

3. 新型刀具材料

（1）**涂层刀具**　采用化学气相沉积（CVD）或物理气相沉积（PVD）法，在硬质合金或其他材料刀具基体上涂覆一耐磨性高的难熔金属（或非金属）化合物薄层而得到的刀具材料。其较好地解决了材料硬度及耐磨性与强度及韧性的矛盾。

涂层刀具的镀膜可以防止切屑和刀具直接接触，减小摩擦，降低各种机械热应力。使用涂层刀具，可缩短切削时间，降低成本，减少换刀次数，提高加工精度，而且刀具寿命长。涂层刀具可减少或取消切削液的使用。

（2）陶瓷刀具材料　常用的陶瓷刀具材料是以 Al_2O_3 或 Si_3N_4 为基体成分在高温下烧结而成的。其硬度可达 91~95HRA，耐磨性比硬质合金高十几倍，适用于加工冷硬铸铁和淬硬钢；在 1200℃ 高温下仍能切削，高温硬度可达 80HRA，在 540℃ 时为 90HRA，切削速度比硬质合金高 2~10 倍；良好的抗粘性能，使它与多种金属的亲和力小；化学稳定性好，即使在熔化时，与钢也不起相互作用；抗氧化能力强。

陶瓷刀具最大缺点是脆性大、强度低、导热性差。采用提高原材料纯度、喷雾制粒、真空加热、亚微细颗粒、热压（HP）、静压（HIP）工艺，加入碳化物、氮化物、硼化物及纯金属、Al_2O_3 基成分（Si_3N_4）等，可提高陶瓷刀具的性能。

（3）超硬刀具材料　它是有特殊功能的材料，是金刚石和立方氮化硼的统称，用于超精加工及硬脆材料加工。可用来加工任何硬度的工件材料，包括淬火硬度达到 65~67HRC 的工具钢，有很高的切削性能，切削速度比硬质合金刀具提高 10~20 倍，且切削时温度低，超硬材料加工的表面粗糙度值很小，切削加工可部分代替磨削加工，经济效益显著提高。

1）金刚石：金刚石有天然及人造两类，除少数超精密及特殊用途外，工业上多使用人造金刚石作为刀具及磨具材料。

金刚石主要用于加工各种有色金属，如铝合金、铜合金、镁合金等，也可以用于加工钛合金、金、银、铂、各种陶瓷和水泥制品；对于各种非金属材料，如石墨、橡胶、塑料、玻璃及其聚合材料的加工效果都很好。金刚石刀具超精密加工广泛用于加工激光扫描器和高速摄影机的扫描棱镜、特形光学零件、电视机、录像机、照相机零件、计算机磁盘等，而且随着晶粒不断细化，可用来制作切割用水刀。

2）立方氮化硼：有很高的硬度及耐磨性，仅次于金刚石；热稳定性比金刚石提高 1 倍，可以高速切削高温合金，切削速度比硬质合金高 3~5 倍；有优良的化学稳定性，适于加工钢铁材料；导热性比金刚石差，但比其他材料高得多，抗弯强度和断裂韧性介于硬质合金和陶瓷之间。立方氮化硼刀具可以加工过去只能磨削加工的特种钢，它还非常适合在数控机床上使用。

2.4　工件

2.4.1　概述

工件是机械加工过程的核心，工件的结构特征、加工表面类型以及技术要求等都直接影响加工方法、刀具的选择以及夹具的设计等，即加工方法、工艺系统、加工工艺过程都取决于工件。

1. 工件的毛坯

毛坯是工件的基础，毛坯的种类和质量直接影响机械加工质量，选择确定毛坯，要在保证零件要求前提下，节约机械加工劳动量。还要充分重视利用新工艺、新技术、新材料，使零件总的性价比最高。毛坯的种类有铸件、锻件、压制件、冲压件、焊接件、型材和板材等。表 2-2 所列为各种毛坯制造方法的工艺特点。

表 2-2　各种毛坯制造方法的工艺特点

毛坯制造方法	最大重量/N	最小壁厚/mm	形状的复杂性	材料	生产方式	公差等级 IT	尺寸公差值/mm	表面粗糙度	其他
手工砂型铸造	不限制	3~5	最复杂	铁碳合金、有色金属其合金	单件生产及小批生产	14~16	1~8	∇	余量大,一般为 1~10mm;由砂眼和气泡造成的废品率高;表面有结砂硬度,结砂颗粒大;适用于铸造大件;生产率很低
机械砂型铸造	至 2500	3~5	最复杂	同上	大批生产及大量生产	14 级左右	1~3	∇	生产率比手制砂型高数倍至数十倍;设备复杂;但要求工人的技术低;适用于制造中小型铸件
永久型铸造	至 1000	1.5	简单或平常	同上	同上	11~12	0.1~0.5	$\sqrt{Ra\,12.5}$	生产率高,因免去每次制型;单边余量一般为 1~3mm;结构细密,能承受较大压力;占用面积小
离心铸造	通常 2000	3~5	主要是旋转体	同上	同上	15~16	1~8	$\sqrt{Ra\,12.5}$	生产率高,每件只需 2~5min;机械性能好且少砂眼,壁厚均匀;不需型芯和浇注系统
压铸	100~160	0.5(锌)、10(其他合金)	由模子制造难易来定	锌、铝、镁、铜、锡、铝各金属的合金	单件生产及成批生产	11~12	0.05~0.2	$\sqrt{Ra\,3.2}$	生产率最高,每小时可达 50~500件;设备昂贵;可直接制取零件或仅需少许加工
熔模铸造	小型零件	0.8	非常复杂	适于切削困难的材料	单件生产及成批生产		0.05~0.15	$\sqrt{Ra\,25}$	占用生产面积小,30~40m²;铸件力学性能好;便于组织流水生产;铸造延续时间长,铸件可不经加工

（续）

毛坯制造方法	最大重量/N	最小壁厚/mm	形状的复杂性	材料	生产方式	公差等级IT	尺寸公差值/mm	表面粗糙度	其他
壳模铸造	至2000	1.5	复杂	铁和有色金属	小批至大量生产	12~14		$\sqrt{Ra\,12.5}$ $\sqrt{Ra\,6.3}$	生产率高，一个制砂工班产0.5~1.7t；外表面余量为0.25~0.5mm；孔余量最小为0.08~0.25mm；便于机械化与自动化；铸件无硬皮
自由锻造	不限制	不限制	简单	碳素钢、合金钢	单件及小批生产	14~16	1.5~2.5	$\sqrt{}$	生产率低且需高级技工；余量大，为3~30mm；适用于机械修理厂和重型机械的锻造车间
模锻（利用锻锤）	通常至1000	2.5	由锻模制造难易而定	碳素钢、合金钢	成批及大量生产	12~14	0.4~2.5	$\sqrt{Ra\,12.5}$	生产率高；不需高级技工；材料消耗少；锻件力学性能好，强度增高
模锻（利用卧式锻造机）	通常至1000	2.5	由锻模制造难易而定	碳素钢、合金钢	成批及大量生产	12~14	0.4~2.5	$\sqrt{Ra\,12.5}$	生产率高，每小时产量达300~900件；材料损耗仅约1%（不计火耗）；压力不与地面垂直，对地基要求不高；可锻制长形毛坯
精密模锻	通常1000	1.5	由锻模制造难易而定	碳素钢、合金钢	成批及大量生产	11~12	0.05~0.1	$\sqrt{Ra\,6.3}$ $\sqrt{Ra\,3.2}$	光压后的锻件可不经机械加工或直接进行精加工
板料冷冲压		0.1~10	复杂	各种板料	成批及大量生产	9~12	0.05~0.5	$\sqrt{Ra\,1.6}$ $\sqrt{Ra\,0.8}$	生产率很高，青工即能操作；便于自动化，毛坯质量轻，减少材料消耗；压制厚壁制件困难

2. 工件表面的构成

工件的表面一般由多种几何形状构成，如图 2-29a 所示阶梯轴，由几个回转表面构成，其中 ϕD_3 是配合轴径，ϕD_1、ϕD_4 是支承轴径，它们是工作表面，其余各面起连接工作表面的作用。因此，从使用要求来看，每个工件都有一个或几个表面直接影响其使用性能，这些表面是主要表面，其他属于辅助表面。机械加工过程中，重点保证的就是这些功能表面的加工要求。在图 2-29b 中，箱体零件的安装基面和支承孔是主要加工表面，其他属于支持、连接表面。

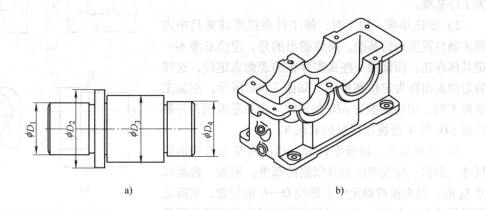

a)　　　　　　　　　　　b)

图 2-29　工件的表面构成

3. 工件的加工质量要求

工件加工质量包括加工精度和表面质量两方面。具有绝对准确参数的零件叫理想零件。加工精度是指工件加工后的几何参数（尺寸、形状和位置）与理想零件几何参数的符合程度，符合程度越高，则加工精度越高。从实际出发，零件很难、也不必要做得绝对精确，只要精度保持在一定范围，满足其功用即可。

工件表面质量指加工后表面的微观几何性能和表层的物理、力学性能。包括表面粗糙度、波度、表层硬化、残余应力等，它们直接影响零件的使用性能。

工件是机械加工工艺系统的核心。获得毛坯的方法不同，工件结构不同，切削加工方法也有很大差别。例如，用精密铸造和锻造、冷挤压等制造的毛坯只要少量的机械加工，甚至不需加工。

工件的形状和尺寸对工艺系统也有影响，工件形状越复杂，被加工表面数量越多，制造越困难，成本越高，应尽可能采用最简单的表面及其组合。加工精度和表面粗糙度的等级应根据实际要求确定，等级越高，越需要复杂工具和设备，成本越高。在能满足工作要求的前提下，具有最低加工精度和表面粗糙度等级的零件其工艺性最好。

2.4.2　工件的基准

所谓基准就是工件上用来确定其他点、线、面位置所依据的那些点、线、面。一般用中心线、对称线或平面来作基准。基准可分为设计基准和工艺基准两大类。

（1）设计基准　在零件设计图上用以确定其他点、线、面位置的基准（点、线、面）

称为设计基准。如图 2-30a 所示，端面 C 为端面 A、B 的设计基准；中心线 O—O 为外圆柱面 ϕD_1、ϕD_2 的设计基准，同时也是侧面 E 的设计基准。

（2）工艺基准　零件在加工、检验和装配过程中所采用的基准，称为工艺基准。按其用途不同，工艺基准又分为工序基准、定位基准、测量基准和装配基准。

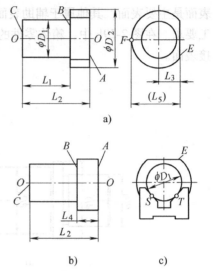

1）工序基准：在工艺文件上用以确定本工序被加工表面加工后的尺寸、形状和位置的基准。如图 2-30b 所示，当加工端面 B 时，要保证工序尺寸 L_4，则端面 A 为工序基准。

2）定位基准：加工时，使工件在机床或夹具中占据正确位置所用的基准。需要指出的是，定位基准不一定具体存在，而常用一些真实存在的表面来定位，这样的定位表面称为定位基准面。如图 2-30c 所示，在加工平面 E 时，定位基准为 ϕD_1 的轴线。定位基准面为外圆柱面 ϕD_1 与 V 形块相接触的素线 S、T。

3）测量基准：检验零件时，用以测量加工表面的尺寸、形状、位置等误差所依据的基准。例如，检测尺寸 L_3 时，因为很难确定中心轴线 O—O 的位置，实际是测量尺寸 L_5，此时，点 F 代表的圆柱的直素线就是测量基准。

图 2-30　零件的设计
基准与工艺基准

4）装配基准：装配时用以确定零件、组件和部件相对于其他零件、组件和部件的位置所采用的基准。如图 2-31 所示，齿轮的内孔和传动轴的外圆 A 完成了二者的径向定位；齿轮的端面和传动轴的台阶面 B 完成了二者的轴向定位；通过键及键槽的侧面 C、D，实现了传动轴和齿轮的圆周方向的定位。所以，传动轴与齿轮的装配基准有 A、B、C（或 D）三个。

因而选择基准，包括选择用于确定工件上各点、线、面位置的设计基准，确定工件在夹具上位置的定位基准，检验时的测量基准，装配时确定零部件在整机中位置的装配基准。作为基准的点、线、面在工件上不一定具体存在，因而常由一些具体的表面来体现，这些表面就称为基面。例如，在车床上用自定心卡盘夹持一根圆柱轴，实际定位表面是外圆柱面，而它所体现的定位基准是这根圆轴的轴线。为了保证工件的正确安装，必须在工件上选定合理的

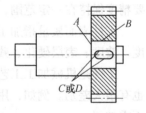

图 2-31　齿轮的装配

安装定位基准。在设计零件时，也必须根据功能的要求，选择合理的设计基准。

2.4.3　工件在工艺系统内的安装

机械零件表面的成形过程，就是通过刀具与被加工零件的相对运动、刀具切削刃对被加工零件表面多余部分进行切削的过程。刀具与工件的位置和运动精度是决定零件加工精度的关键因素。所以切削加工前，必须使工件在工艺系统内占据正确位置（称为定位），并使其在此正确位置上被夹紧压牢（称为夹紧），以保证加工过程中正确位置始终不被破坏。这一定位夹紧的操作称为工件的安装（或装夹），工件的安装是加工过程的基础和前提。

1. 工件的安装方法

常用的安装方法有直接找正安装、划线找正安装、用夹具安装。

（1）直接找正法　是用百分表、划针或用目测，在机床上直接找正工件，使工件获得正确位置的方法，如图 2-32 所示。

直接找正定位的安装费时费事，受操作者技术等因素的影响较大，因此一般只适用于以下情况：

1）工件批量小，采用夹具不经济时可用直接找正法。这种方法，常在单件小批生产的加工车间，修理、试制、工具车间中得到应用。

2）对工件的定位精度要求特别高（例如小于 0.01~0.005mm），采用夹具不能保证精度时，只能用精密量具直接找正安装。

（2）划线找正法　当零件形状很复杂（例如车床主轴箱）时，采用直接找正法会顾此失彼，这时就有必要按照零件图在毛坯上先划出中心线、对称线及各待加工表面的加工线，并检查它们与各不加工表面的尺寸和位置，然后按照划好的线找正工件在机床上的位置，如图 2-33 所示。对于形状复杂的工件，常常需要经过几次划线。划线找正的定位精度一般只能达到 0.2~0.5mm。

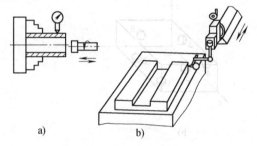

图 2-32　直接找正法示例

a）磨内孔时工件的找正　b）刨槽时工件的找正

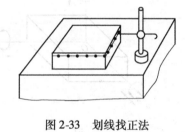

图 2-33　划线找正法

划线加工需要技术高的划线工，而且非常费时费力，因此它只适用于：

1）批量不大，形状复杂的铸件。

2）在重型机械制造中，尺寸和重量都很大的铸件和锻件。

3）毛坯的尺寸公差很大，表面很粗糙，一般无法直接使用夹具时。

（3）使用夹具安装工件　采用直接能够确定工件全部或部分位置、方向的工艺装备安装工件，可以大大提高效率和工件位置的一致性，这样的工艺装备就是夹具。夹具可分为通用夹具和专用夹具，如车床上的自定心卡盘、单动卡盘、顶尖等，刨床、铣床上的平口钳等为通用夹具。如图 2-34 所示为专用夹具，它是为某一工件的安装而专门设计的，工件的位置由夹具上的定位元件——底面上两块平行的支承板 1 和 2，侧面两支承钉 3 和 4，背面支承钉 5 来确定。侧面两支承钉 3 和 4 可保证尺寸 c，背面支承钉 5 可保证尺寸 a，而尺寸 b 由钻套来保

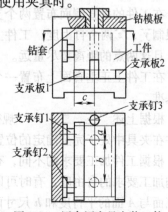

图 2-34　用专用夹具安装工件

证。

　　由此可知，用专用夹具安装工件不仅可以保证加工精度，而且能大大地提高生产率，缩短辅助时间，并减轻工人劳动强度，这种安装方法被广泛应用于成批及大量生产中。采用夹具安装工件，需要解决工件在夹具内的定位和夹紧问题，下面就对这一问题进行分析。

2. 工件的定位

　　当工件处于空间自由状态时，是无法对其进行切削加工而形成理想表面形状的。如何正确确定工件相对于机床或刀具的位置，进而实现工件的定位呢？

　　（1）六点定位原理　　如图 2-35a 所示，一个处于空间自由状态的物体，具有六个自由度，即沿三个互相垂直的坐标轴的移动自由度 $\vec{x}$、$\vec{y}$、$\vec{z}$ 和绕这三个坐标轴的转动自由度 $\widehat{x}$、$\widehat{y}$、$\widehat{z}$。要确定物体在空间的位置，就是确定其六个空间自由度。同理，确定工件在机床或夹具上相对于刀具的位置，即是限制工件的六个自由度。在实际生产中限制工件的自由度使其定位，往往是用定位元件对工件表面实施支承。如图 2-35b 所示，按照一定的顺序和位置，用合理分布的六个抽象支承点就可以限制工件的六个自由度，这一原理称为六点定位原理。

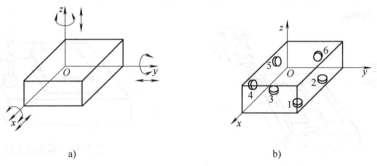

a)　　　　　　　　　　　　b)

图 2-35　六点定位原理

　　（2）常见定位方式分析　　这里强调合理的顺序和位置分布，用且仅用六个抽象支承点限制工件六个自由度的理论很重要。工件底面布置三个支承点（1、2、3），而且不得在同一直线上，可限制 $\vec{z}$、$\widehat{x}$、$\widehat{y}$ 三个自由度，工件上此面称为主要定位基准。主要定位基准往往选择工件上最大的表面，且此三点组成的三角形越大，工件定位越平稳。

　　在工件的垂直侧面布置两个支承点（4、5），这两点的连线不能与主要定位基面垂直，可限制 $\vec{y}$、$\widehat{z}$ 两个自由度，工件上此面称为导向定位基准；此面尽量选择工件上窄长的表面，且这两点的距离要尽量远。

　　在工件上正垂直面上布置一个支承点（6），可限制 $\vec{x}$ 自由度，工件上此面称为止推定位基准。

　　根据上述"三、二、一"规律布置六个支承点，则工件六个自由度被全部限制，因而工件在夹具中处于完全确定的位置，称为完全定位。

　　根据工件加工要求的不同，有些自由度对加工有影响，这样的自由度必须限制，有些不影响加工要求的自由度，有时可以不必限制。例如在四棱柱体工件上铣槽，如图 2-36 所示，槽底面与 A 面的平行度和 h 尺寸两项加工要求，需限制 $\widehat{x}$、$\widehat{y}$、$\vec{z}$ 三个自由度；槽侧面与 B

面平行度及 b 尺寸两项加工要求，需限制 $\vec{x}$、$\vec{z}$ 两个自由度。若铣通槽，则 $\vec{y}$ 的自由度不必限制。这种被限制的自由度少于六个，但能保证加工要求的定位称为不完全定位。若铣不通槽，则槽在 $\vec{y}$ 长度方向有尺寸要求，此自由度 $\vec{y}$ 必须限制，这时就需要完全定位。

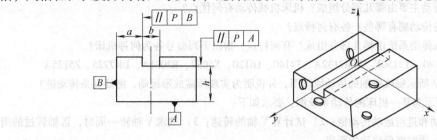

图 2-36　定位方案的确定

　　能保证加工要求的定位，不完全定位和完全定位都称为正常定位。而不能保证加工要求的定位，属于非正常定位，其中包括过定位与欠定位。

　　如上例中的板状零件，在底平面处只能用三个定位支承点，若设置了四个支承点，由于三点决定一平面，则其中必有一个是多余的，工件反而不稳定。几个定位支承点重复限制同一个自由度，这种定位现象称为过定位。

　　如果上例中侧面减少一个支承点定位，则工件就有可能绕 z 轴旋转，这样，就无法保证槽与 B 面的距离和平行度。这种工件实际定位所限制的自由度数目，少于按其加工要求必须限制的自由度数目的定位现象，称为欠定位。

3. 工件的夹紧

　　工件在机械加工中要受到切削力、惯性力和重力等外力的作用，为保证工件在这些力的作用下不发生位移，避免机床、刀具的损坏及人身事故，并抑制振动，在工件完成定位后，还需要将其夹紧、压牢。夹具中对工件夹紧的机构装置称为夹紧装置。

　　（1）夹紧装置的组成　夹紧装置的结构形式很多，但是就其组成来说，一般夹紧装置都是由力源装置和夹紧机构两大部分组成。

　　力源可来自于人力或其他动力装置，如液压装置、电磁装置、气压装置等。

　　夹紧机构是指把力源产生的夹紧力作用在工件上的机构。它可根据需要，改变力的大小、方向和作用点，且当手动夹紧时具有良好的自锁性。

　　（2）对夹紧装置的基本要求

　　1）夹紧过程可靠：夹紧不能破坏工件定位时所获得的正确位置。

　　2）夹紧力大小适当：夹紧后的工件变形和表面压伤程度必须在加工精度允许的范围内。

　　3）结构性好：夹紧装置的结构力求简单、紧凑，便于制造和维修。

　　4）操作性好：夹紧动作迅速，操作方便，安全省力。

※　思考题和练习题

2-1　什么是工件表面的发生线？它的作用是什么？形成发生线的方法有哪些？

2-2　何谓简单成形运动？什么叫复合成形运动？其本质区别是什么？

2-3　何谓切削用量？它包括哪几项？

2-4　工艺系统由哪些部分组成？

2-5　机床主要由哪几部分组成？各自的功用是什么？

2-6　机床机械传动主要由哪几部分组成？机床机械传动有何优点？

2-7　机床常用的传动副有哪些？各有何特点？

2-8　机床的液压传动系统由哪几部分组成？有何特点？指出下列型号各为何种机床？

CM1107A、CA6140、Y3150E、MM7132A、T4140、L6120、X5032、B2021A、DK7725、Z5125A

2-9　画出图 2-37 所示螺纹铣削的传动原理图，并说明为实现所需成形运动，需要几条传动链？

2-10　图 2-38 所示为某一机床的传动系统图，要求如下：

1）试列出主运动和进给运动传动链；2）试计算 V 轴的转速；3）试求 V 轴转一周时，IX 轴转过的周数；4）试求 V 轴转一周时螺母移动的距离。

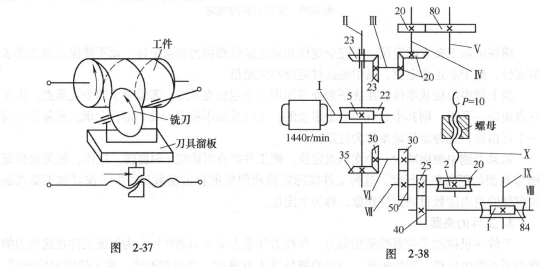

图　2-37

图　2-38

2-11　简述数控机床的工作原理、分类及特点，并说明它适用于哪种组织形式的生产。

2-12　基面、主切削平面和正交平面之间的几何关系如何？

2-13　刀具材料的基本性能包括什么？写出 5 种以上常用刀具材料的名称。

2-14　如图 2-39 所示的外圆车削，已知：

$$d_w = 100\text{mm}, \quad d_m = 90\text{mm}, \quad n_w = 400\ \frac{r}{\text{min}}, \quad \nu_f = 200\text{mm/min}, \quad \kappa_r = 60°$$

试计算切削用量 ν_c、f、a_p 及切削层参数 h_D、b_D、A_D 的数值。

2-15　试比较高速钢和硬质合金刀具材料的力学性能与应用范围。

2-16　根据下列切削条件，选择合适的刀具材料。

切削条件　　　　　　　　　　　　刀具材料

（1）高速精镗铝合金缸套　　　　　W18Cr4V

（2）加工麻花钻螺旋槽用成形铣刀　K01

（3）45 钢锻件粗车　　　　　　　　K20

（4）高速精车合金钢工件端面　　　P30

（5）粗铣铸铁箱体平面　　　　　　P05

2-17　分别画出图 2-40 所示右偏刀车端面时由外向中心进给和由中心向外进给两种情况的前角、后角、主偏角、副偏角，并用规定的符号注出。

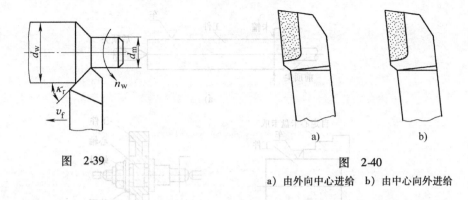

图　2-39

图　2-40

a) 由外向中心进给　b) 由中心向外进给

2-18　用规定的符号标出图 2-41 中刀具的前角、后角、主偏角、副偏角。

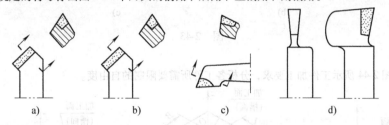

图　2-41

a) 车外圆时　b) 车端面时　c) 不通孔车刀　d) 外车槽刀

2-19　标注图 2-42 所示切断刀的角度。

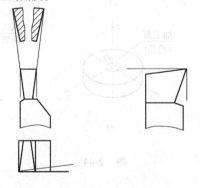

图　2-42

2-20　工件的毛坯制造方法有哪几种? 各有何工艺特点?

2-21　何谓工件的安装? 安装方法有哪些?

2-22　何谓工件的定位与夹紧? 对夹紧装置有哪些要求?

2-23　何谓工件的基准? 根据作用不同, 可分为哪几种?

2-24　何谓工件的六点定位原理? 加工时, 工件是否都要完全定位?

2-25　工件定位方式有哪几种? 试举例说明。

2-26　图 2-43 所示为安装工件时的三种定位方法, 分析各限制了哪几个自由度? 属于哪种定位方式?

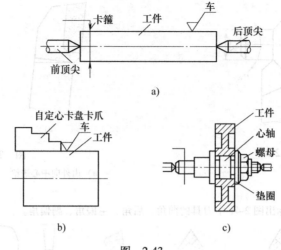

图　2-43

2-27　根据图 2-44 所示工件加工要求，分析各工件所需要限制的自由度。

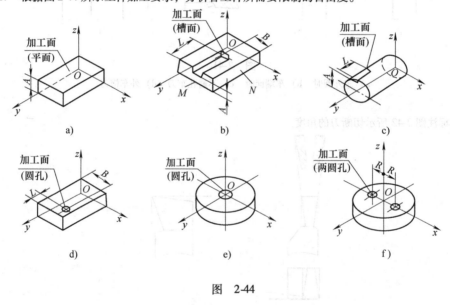

图　2-44

第 3 章 金属切削加工方法与装备

【导读】 在了解各种金属切削基本加工方法的基础上，掌握各种加工方法的工艺特点与应用并加以区分；结合对工艺装备的感性和理性认识，了解工件在机床上的安装方法，理解机床的传动系统与传动联系，掌握机床与刀具的结构与选用方法；根据实际加工条件，能够合理地确定零件表面的加工方案。

3.1 车削加工

3.1.1 车削加工的工艺特点及其应用

通常，将车床主轴带动工件回转作为主运动、刀具沿平面做直线或曲线运动作为进给运动的机械加工方法称为车削加工。车削加工是机械加工方法中应用最为广泛的方法之一，是加工轴类、盘类零件的主要方法。

车削可以加工各种回转体和非回转体的内外回转表面，比如内、外圆柱面，圆锥面，成形回转表面等。采用特殊的装置和技术措施，在车床上还可以车削零件的非圆表面，如凸轮，端面螺纹等。车削加工可以包括立式加工、卧式加工等。在一般机械制造企业中，车床占机床总数的 20% ~35% 以上，车削加工在机械加工方法中占有重要的地位。其工艺特点如下：

1. 易于保证零件各加工表面的相互位置精度

车削加工时，一般短轴类或盘类工件用卡盘装夹，长轴类工件用前、后顶尖装夹，套类工件用心轴装夹，而形状不规则的零件用花盘装夹或用花盘—弯板装夹。在一次安装中，可依次加工工件各表面。由于车削各表面时均绕一回转轴线旋转，故可较好地保证各加工表面间的同轴度、平行度和垂直度等位置精度要求。

2. 生产率高

车削的切削过程是连续的（车削断续外圆表面除外），而且切削面积保持不变（不考虑毛坯余量的不均匀），所以切削力变化小。与铣削和刨削相比，车削过程平稳，允许采用较大的切削用量，常可以采用强力切削和高速切削，生产率高。

3. 生产成本低

车刀是刀具中最简单的一种，制造、刃磨和安装方便，刀具费用低。车床附件多，装夹及调整时间较短，生产准备时间短，加之切削生产率高，生产成本低。

4. 适合于有色金属零件的精加工

当有色金属零件的精度较高、表面粗糙度值较小时，若采用磨削，易堵塞砂轮，加工较为困难，故可由精车完成。若采用金刚石车刀，采用合理的切削用量，其加工精度可达 IT6~IT5，表面粗糙度值可达 $Ra0.8 \sim 0.1\mu m$。

5. 应用范围广

车削除了经常用于车外圆、端面、孔、切槽和切断等加工外，还用来车螺纹、锥面和成形表面。同时车削加工的材料范围较广，可车削黑色金属、有色金属和某些非金属材料，特别是适合于有色金属零件的精加工。车削既适于单件小批量生产，也适于中、大批量生产。

如图 3-1 所示为车削加工的主要工艺类型（图示为卧式加工位置）。

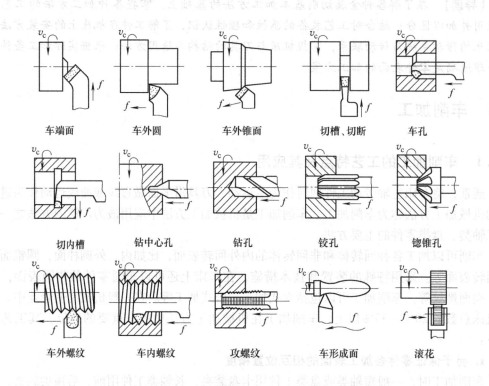

车端面	车外圆	车外锥面	切槽、切断	车孔
切内槽	钻中心孔	钻孔	铰孔	锪锥孔
车外螺纹	车内螺纹	攻螺纹	车形成面	滚花

图 3-1　车削加工的主要工艺类型

3.1.2　车床

车床是车削加工的核心工艺装备之一，是获得加工精度的重要因素，它提供车削加工所需的成形运动、辅助运动和切削动力，保证加工过程中工件、夹具相对刀具之间的正确位置和运动关系。

1. 车床的主要类型与组成

（1）车床的类型　车床类型很多，根据结构布局、用途和加工对象的不同。通常分为：

1）卧式车床：卧式车床是通用车床中应用最普遍、工艺范围最广泛的一种类型，在卧式车床上可以完成各种类型的内外回转体圆柱面、圆锥面、成形面、螺纹、端面等的加工，还可进行钻、扩、铰、滚花等加工。但其自动化程度低，加工生产率低，加工质量受操作者的技术水平影响较大。

如图 3-2 所示是 CA6140 型卧式车床的外形图。

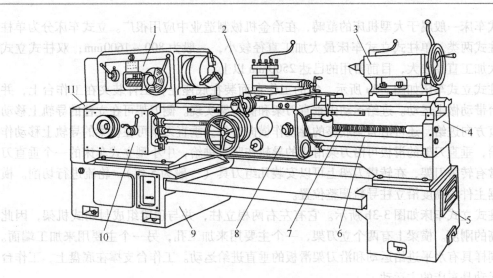

图 3-2　CA6140 型卧式车床外形图

1—主轴箱　2—拖板　3—尾座　4—床身　5、9—床腿　6—光杠　7—丝杠

8—溜板箱　10—进给箱　11—交换齿轮箱

2）立式车床：当工件直径较大而长度较短时，可采用立式车床加工。立式车床主轴轴线采用竖直位置，工件的安装平面处于水平位置，这样有利于工件的安装和调整，机床的精度保持性也好，立式车床如图 3-3 所示。立式车床的主轴轴线垂直布置，工作台的台面处于水平面内，使工件的装夹和找正变得比较方便。此外，由于工件和工作台面的质量均匀地作用在工作台导轨或推力轴承上，所以立式车床比卧式车床更能长期地保持工作精度。但立式车床结构复杂、质量较大。

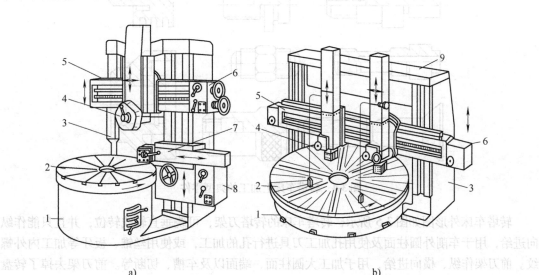

a)　　　　　　　　　　　　　　　　　b)

图 3-3　立式车床

1—底座　2—工作台　3—立柱　4—垂直刀架　5—横梁　6—垂直刀架进给箱

7—侧刀架　8—侧刀架进给箱　9—顶梁

　　立式车床一般属于大型机床的范畴，在冶金机械制造业中应用很广。立式车床分为单柱式和双柱式两类。单柱式立式车床最大加工直径较小，一般为 800～1600mm；双柱式立式车床最大加工直径较大，目前常用的已达 2500mm 以上。

　　单柱式立式车床如图 3-3a 所示，它的工作台面装在底座上，工件装夹在工作台上，并由工作台带动做主运动。进给运动由垂直刀架和侧刀架实现。侧刀架可在立柱的导轨上移动并做竖直方向进给，还可沿刀架底座的导轨作横向进给。垂直刀架可在横梁的导轨上移动作横向进给，垂直刀架的滑板可沿刀架滑座的导轨作竖直进给，中小型立式车床的一个垂直刀架上通常有转塔刀架，在转塔刀架上可以安装几组刀具（一般为 5 组），轮流进行切削。横梁可根据主件的高度沿立柱导轨调整位置。

　　双柱式立式车床如图 3-3b 所示。它有左右两根立柱，并与顶梁组成封闭式机架，因此具有较高的刚度。横梁上有两个立刀架，一个主要用来加工孔，另一个主要用来加工端面。立刀架同样具有水平进给运动和沿刀架滑板的垂直进给运动。工作台支撑在底盘上，工作台的回转运动是车床的主运动。

　　3）转塔车床：转塔车床没有尾座和丝杠，在尾座的位置装有一个多工位的转塔刀架，该刀架可以安装多把刀具，通过转塔转位可以使不同的刀具依次处于工作位置，对工件进行不同内容的加工，减少了反复装夹刀具的时间，因此，在成批加工形状复杂的工件时具有较高的生产率。虽然没有丝杠，但这类机床可用丝锥、板牙一类刀具加工螺纹。在转塔车床上能够加工的零件如图 3-4 所示。

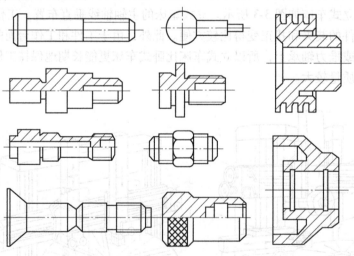

图 3-4　转塔车床上加工的典型零件

　　转塔车床外形图如图 3-5 所示，转塔车床的转塔刀架，可绕垂直轴线转位，并且只能作纵向进给，用于车削外圆柱面及使用孔加工刀具进行孔的加工，或使用丝锥、板牙等加工内外螺纹。前刀架作纵、横向进给，用于加工大圆柱面、端面以及车槽、切断等。前刀架去掉了转盘和小刀架，不能用于切削圆锥面。这种车床常用前刀架和转塔上的刀具同时进行加工，因而具有较高的生产效率。尽管转塔车床在成批加工复杂零件时能有效地提高生产效率，但在单件、小批生产时受到限制，因为需要预先调整刀具和行程而花费较多的时间；在大批、大量生产中，又不如自动车床、半自动车床及数控车床效率高，因而又被这些先进的车床所代替。

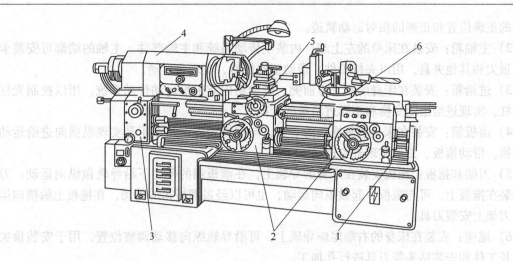

图 3-5　转塔车床外形图

1—床身　2—溜板箱　3—进给箱　4—主轴箱　5—前刀架　6—转塔刀架

4) 自动和半自动车床：自动、半自动车床是高效率的加工机床，它是适应成批或大量生产的需要而发展起来的。自动车床的切削运动和辅助运动全部自动化，并能连续重复自动循环。半自动车床能自动完成一个工作循环，但工人必须进行工件的装卸，重新起动机床才能开始下一个工作循环。

自动车床能实现自动工作循环，主要靠自动车床上设置的自动控制系统。自动控制系统主要控制机床各工作部件和工作机构运动的速度、方向、行程距离和位置以及动作先后顺序和起止时间等。自动控制的方式可以是机械的、液压的或电气的，也可以是几种方式的组合。在自动、半自动车床中，通常采用机械式的凸轮和挡块控制的自动控制系统，这种控制系统的核心为凸轮和挡块，其工作稳定可靠，但是要改变工件时，需另行设计和制造凸轮，而且停机调整机床所需的时间较长，因而适宜用在大批大量生产中。

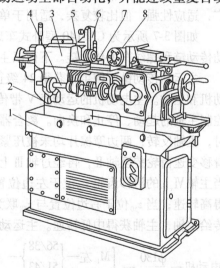

图 3-6　单轴六角自动车床

1—底座　2—床身　3—主轴箱　4—分配轴
5—前刀架　6—上刀架　7—后刀架
8—六角回转刀架

如图 3-6 所示为单轴六角自动车床。主轴箱 3 右侧装有前刀架 5、后刀架 7 和上刀架 6，它们只做横向进给运动，可以完成车成形面、切槽和切断等工作。床身 2 右上方装有六角回转刀架 8，可自动换位并做纵向运动。分配轴 4 装在床身前面，轴上的凸轮控制机床进给运动部分的动作，定时完成各个自动工作循环。

(2) 普通车床的组成　尽管车床类型很多，结构布局各不相同，但其基本组成大致相同。大都包括基础件（如床身、立柱、横梁）、主轴箱、刀架（如方刀架、转塔刀架、回轮刀架等）、进给箱、尾座、溜板箱等几部分。以卧式车床（图 3-2）为例，其主要结构有：

1) 床身：床身是卧式车床的基础部件，它是车床其他部件的安装基准，保证其他部件之间的正确位置和正确的相对运动轨迹。

2）主轴箱：安装在床身的左上端，内装主传动系统和主轴部件。主轴的端部可安装卡盘、顶尖和其他夹具，用以夹持工件，带动工件旋转，实现主运动。

3）进给箱：安装在床身的左下方前侧，进给箱内有进给运动传动系统，用以控制光杠及丝杠，实现进给运动变换和不同进给量的变换。

4）溜板箱：安装在床身前侧拖板的下方，与拖板相连。其作用是实现纵横向进给运动的变换，带动拖板、刀架实现进给运动。

5）刀架和拖板：拖板安装在床身的导轨上，在溜板箱的带动下沿导轨做纵向运动；刀架安装在拖板上，可与拖板一起做纵向运动，也可以经过溜板箱的传动，在拖板上做横向运动；刀架上安装刀具。

6）尾座：安装在床身的右端尾座导轨上，可沿导轨纵向移动调整位置，用于安装顶尖支承长工件和安装钻头等刀具进行孔加工。

2. 普通车床的传动

CA6140 型卧式车床是普通精度级的卧式车床的典型代表，它在卧式车床中具有重要的地位。这种车床的通用性强，可以加工轴类、盘套类零件；车削公制、英制、模数制、径节制 4 种标准螺纹和精密、非标准螺纹；还可完成钻、扩、铰孔加工。这种机床的加工范围广，适应性强，但比较复杂，适用于单件小批生产或在机修、工具车间使用。

如图 3-7 所示为 CA6140 型卧式车床的传动系统图。它主要包括主运动传动链、进给运动传动链和螺纹车削传动链。下面以主运动传动链为例来加以说明。

主运动传动链可使主轴获得 24 级正转转速和 12 级反转转速。传动链首、末端件是主电动机和主轴。主电动机的运动经 V 带传至主轴箱的轴 I，轴 I 上的双向摩擦片式离合器 M_1 控制主轴的起动、停止和换向。离合器左边摩擦片被压紧时，主轴正转；右边摩擦片被压紧时，主轴反转；两边摩擦片均未被压紧时，主轴停转。轴 I 的运动经离合器 M_1 和轴 II 上的滑移变速齿轮传至轴 II，再经过轴 III 上的滑移变速齿轮传至轴 III。然后分两路传给主轴 VI：当主轴 VI 上的滑移齿轮 z_{50} 位于左边位置时，轴 III 运动经齿轮 63/50 直接传给主轴，主轴获得高转速；当 z_{50} 位于右边位置与 z_{58} 联为一体时，运动经轴 III、轴 IV、轴 V 之间的背轮机构传给主轴，主轴获得中低转速。主运动传动路线的表达式为

$$电动机 - \frac{\phi130}{\phi230} - \begin{Bmatrix} M_1 左 - \begin{Bmatrix} 56/38 \\ 51/43 \end{Bmatrix} \\ M_1 右 - 50/34 - 34/30 - \end{Bmatrix} - \begin{Bmatrix} 39/41 \\ 22/58 \\ 30/50 \end{Bmatrix} \begin{Bmatrix} \begin{Bmatrix} 20/80 \\ 50/50 \end{Bmatrix} - \begin{Bmatrix} 20/80 \\ 51/50 \end{Bmatrix} - \frac{26}{58} - M_2 \\ -63/50- \end{Bmatrix} 主轴$$

由传动路线表达式可知，主轴正转转速级数为 $n = 2 \times 3 \times (1 + 2 \times 2) = 30$ 级。但在轴 IV、轴 V 之间的 4 种传动比分别为 $u_1 = 1/16$，$u_2 \approx 1/4$，$u_3 = 1/4$，$u_4 \approx 1$，因而，实际上只有 3 种不同的传动比。故主轴的实际正转转速级数是 $n = 2 \times 3 \times (1 + 2 \times 2 - 1) = 24$ 级。同理，主轴的反转转速级数为 12 级。

主轴的转速可按下列运动平衡式计算：

$$n_主 = 1450 \times \frac{130}{230} \times u_{I-II} u_{II-III} u_{III-VI}$$

式中　　　　　$n_主$——主轴转速（r/min）；

u_{I-II}、u_{II-III}、u_{III-VI}——I - II 轴、II - III 轴、III - VI 轴之间的变速传动比。

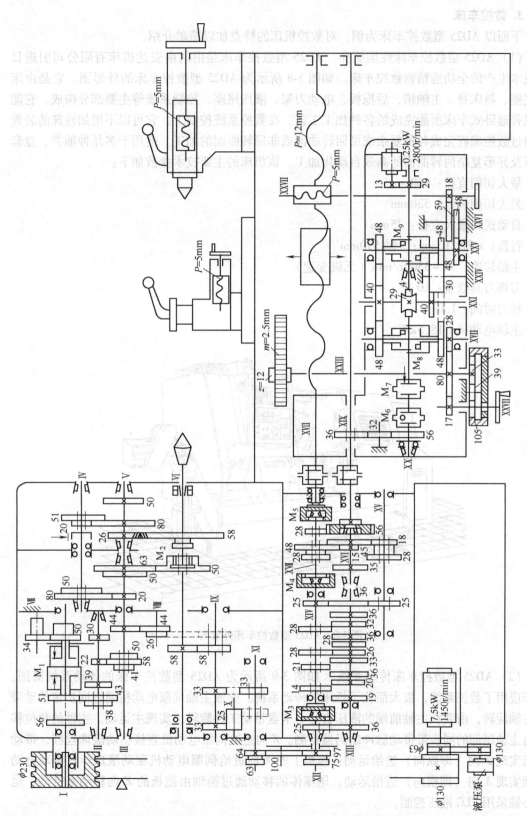

图 3-7　CA6140 型卧式车床传动系统图

3. 数控车床

下面以 AD25 型数控车床为例，对数控机床的特点加以简单介绍。

（1）AD25 型数控车床性能简介　　AD25 型数控车床是由河南安达机床有限公司引进日本技术生产的全功能精密数控车床。如图 3-8 所示为 AD25 型数控车床的外形图。它是由床身底座、斜床身、主轴箱、后拖板、电动刀架、液压尾座、控制系统等主要部分构成。它能完成普通卧式车床所能完成的各种加工工艺。在数控系统控制下，它可以不增加特殊的装置而通过数控编程完成各种复杂成形回转曲面或非回转曲面的加工。适用于多品种轴类、盘套类以及异形复杂回转曲面的高效自动化加工。该机床的主要技术参数如下：

最大切削直径：360mm

最大切削长度：530mm

自动送料最大直径：75mm

行程：x 轴 210mm；z 轴 590mm

主轴转速：35～3500r/min（无级变速）

刀塔刀具数量：10 把

换刀时间：1.0s

主轴电动机：18.5kW

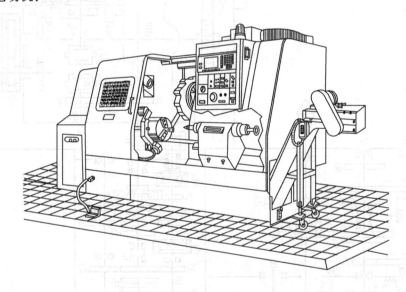

图 3-8　AD25 型数控车床外形图

（2）AD25 型数控车床传动系统　　如图 3-9 所示为 AD25 型数控车床的传动系统简图。由于应用了数控系统，极大简化了机床的传动系统。交流主轴伺服电动机通过同步带传动带动主轴旋转，由装在主轴前端的液压自定心卡盘带动工件旋转，实现主运动。主轴的角位移量由主轴尾部的同步带带动脉冲编码器检测。Z 向进给伺服电动机直接驱动滚珠丝杠，带动拖板实现 Z 向（即纵向）进给运动；拖板上的 X 向进给伺服电动机驱动滚珠丝杠带动电动刀架实现 X 向（即横向）进给运动。尾座体的移动通过销轴由拖板的 Z 向移动来带动，尾座心轴采用 PLC 液压控制。

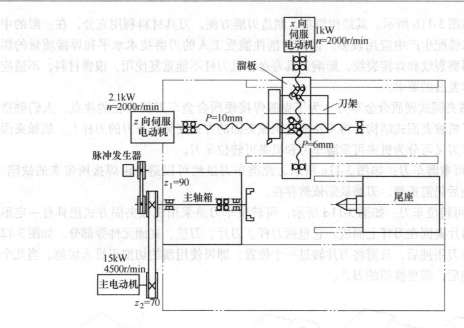

图 3-9 AD25 型数控车床传动系统简图

3.1.3 车刀

车刀是完成车削加工所必需的刀具,它直接参与从工件上切除余量的车削加工过程。车刀的性能取决于刀具的材料、结构和几何参数。刀具性能对车削加工的质量、生产率有决定性的影响。尤其是随着车床性能的提高和高速主轴的应用,刀具的性能直接影响机床性能的发挥。

常用车刀的种类及用途如图 3-10 所示。按用途不同可分为外圆车刀、端面车刀、镗孔车刀、切断车刀、螺纹车刀和成形车刀等;按其形状不同可分为直头车刀、弯头车刀、圆弧车刀、左偏刀和右偏刀等;按其结构形式的不同可分为整体式高速钢车刀、焊接式硬质合金车刀、机械夹固式硬质合金车刀等,如图 3-11 所示。

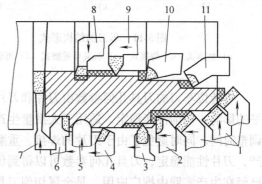

图 3-10 常用车刀的种类及用途

1—45°端面车刀 2—90°外圆车刀 3—外螺纹车刀
4—70°外圆车刀 5—成形车刀 6—90°左切外圆刀
7—切断车刀 8—内孔车槽刀 9—内螺纹车刀
10—90°内孔车刀 11—75°内孔车刀

(1)整体式高速钢车刀 选用一定形状的整体高速钢刀条,在其一端刃磨出所需要的切削刃部分形状就形成了整体式高速钢车刀,如图 3-11a 所示。这种车刀刃磨方便,可以根据需要刃磨成不同用途的车刀,尤其是适宜于刃磨各种刃形的成形车刀,如切槽刀、螺纹车刀等。刀具磨损后可以多次重磨。但刀杆也是高速钢材料,造成刀具材料的浪费。而且刀杆强度低,当切削力较大时,会造成破坏。一般用于较复杂成形表面的低速精车。

(2)焊接式硬质合金车刀 这种车刀是把一定形状的硬质合金刀片钎焊在刀杆的刀槽

内制成的，如图 3-11b 所示。其结构简单、制造刃磨方便，刀具材料利用充分，在一般的中小批量生产和修配生产中应用较多。但其切削性能受工人的刃磨技术水平和焊接质量的影响，易产生刃磨裂纹和焊接裂纹，影响刀具寿命，且刀杆不能重复使用，浪费材料，不适应现代制造技术发展的要求。

（3）机械夹固式硬质合金车刀　为了克服焊接硬质合金车刀所存在的缺点，人们创造和推广使用了机械夹固式结构，将刀片通过机械夹固的方式安装在车刀的刀杆上。机械夹固式硬质合金车刀又可分为机夹可重磨车刀和机夹可转位车刀。

1）机夹可重磨车刀：如图 3-11c 所示，此类车刀虽然可以避免由焊接所带来的缺陷，但车刀在用钝后仍需重磨，刃磨缺陷依然存在。

2）机夹可转位车刀：如图 3-11d 所示，可转位车刀是采用机械夹固方式把具有一定形状的可转位刀片夹固在刀杆上而成。它包括刀杆、刀片、刀垫、夹固元件等部分，如图 3-12 所示。这种车刀用钝后，只需将刀片转过一个位置，即可使用新的切削刃投入切削。当几个切削刃都用钝后，需更换新的刀片。

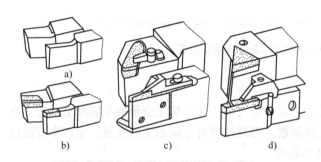

图 3-11　车刀的结构形式

a）整体式　b）焊接式　c）机夹可重磨式　d）可转位式

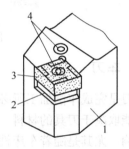

图 3-12　可转位车刀的构成

1—刀杆　2—刀垫　3—刀片　4—夹固元件

可转位车刀的刀具几何参数由刀片和刀片槽保证，使用中不需要刃磨，不受工人技术水平的影响，切削性能稳定，适用于大批量生产和数控车床使用。节省了刀具的刃磨、装卸、调整时间。同时避免了由于刀片的焊接、重磨造成的缺陷。这种刀具的刀片由专业化厂家生产，刀片性能稳定，刀具几何参数可以得到优化，并有利于新型刀具材料的推广应用，目前已经在生产实践中推广应用，是金属切削刀具发展的方向。

3.1.4　工件在车床上的安装

车床上常用于装夹工件的附件有自定心卡盘、顶尖、单动卡盘、心轴、中心架、跟刀架、花盘和弯板等。

1. 用自定心卡盘安装

自定心卡盘是车床上最常用的附件，其结构如图 3-13 所示。卡盘体内有三个带有方孔的小锥齿轮，通过方孔转动其中任一个小锥齿轮都可以使大锥齿轮转动。大锥齿轮背后有平面螺纹，与 3 个卡爪背面的平面螺纹相配合。当转动大锥齿轮时，三个卡爪同时向中心收拢或张开，以夹紧不同直径的工件，并且能够自动定心，其定心精度为 0.05 ~ 0.15mm。

卡爪张开时，其露出卡盘外圆部分的长度不能超过卡爪长度的一半，以防止损坏卡爪背面的螺纹，甚至造成卡爪飞出事故。自定心卡盘一般有正、反两副卡爪，有的只有一副可正反使用的卡爪。

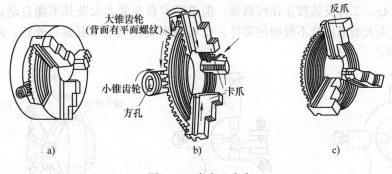

图 3-13　自定心卡盘

用自定心卡盘安装工件的方法操作方便，但夹紧力较小，适合于夹紧力和传递力矩不大的短轴、盘套类中小型工件，如图 3-14 所示。当工件的直径较大时，可以采用反爪来装夹工件，其形式如图 3-14e 所示。

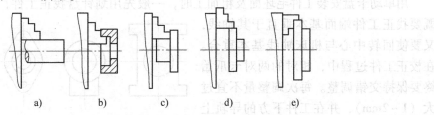

图 3-14　用自定心卡盘安装工件

2. 用顶尖安装

对于长轴类工件或加工表面较多、位置精度要求较高的轴类零件，往往用顶尖安装工件，如图 3-15 所示。前顶尖安装在主轴锥孔内，并随主轴一起旋转，后顶尖安装在尾座套筒内，前、后顶尖分别顶入工件两端面的中心孔内，工件的位置即被确定；将鸡心卡头紧固在轴的一端，鸡心卡头的尾部插入拨盘的槽内；拨盘安装在主轴上并随主轴一起转动，通过拨盘带动鸡心卡头即可使工件转动。

用顶尖安装工件时，工件两端须车端面，用中心钻打上中心孔。中心孔的圆锥部分和顶尖配合，圆柱部分可以容纳润滑油。

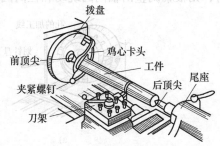

图 3-15　用顶尖安装工件

常用的顶尖有固定顶尖和回转顶尖两种，其形状如图 3-16 所示。前顶尖装在主轴锥孔内，随主轴与工件一起旋转，与工件无相对运动，不发生摩擦，常采用固定顶尖。后顶尖装在尾座套筒内，一般也用固定顶尖，但在高速切削时，为了防止后顶尖与中心孔因摩擦过热而损坏或烧坏，常采用活顶尖。由于活顶尖的准确度不如固定顶尖高，故一般用于轴的粗加工和半精加工。当轴的精度要求比较高时，后顶尖也应使用固定顶尖，但要合理选择切削速度。

3. 用单动卡盘安装

单动卡盘结构如图 3-17 所示。它的四个卡爪通过四个螺杆操纵，可独立径向移动，因此不能自动定心，工件安装校正比较麻烦。但单动卡盘夹紧力大及其不能自动定心的特性，适用于调整装夹大型或形状不规则的零件，也可用来安装加工带有偏心外圆、内孔的工件，如图 3-18 所示。

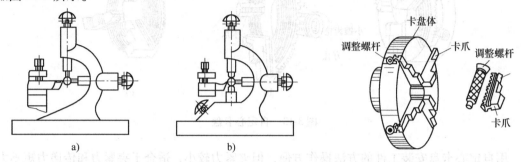

图 3-16　固定顶尖与回转顶尖　　　　　　图 3-17　单动卡盘

用单动卡盘安装工件毛坯面及粗加工时，一般先用划针盘找正工件，如图 3-19a 所示。既要找正工件端面基本垂直于其轴线，又要使回转中心与机床轴线基本重合。在校正工件过程中，相对的两对卡爪始终要保持交错调整。每次调整量不宜过大（1~2mm），并在工件下方的导轨上垫上木板，防止工件意外掉到导轨上。

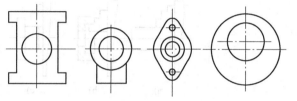

图 3-18　单动卡盘安装零件示例

安装已加工过的表面在进行精车时，要求调整后的工件旋转精度达到一定值，这样就需要在工件与卡爪之间垫上小铜块，用百分表多次交叉校正外圆与端面，使工件的轴向圆跳动和径向圆跳动调整到最理想的数值，如图 3-19b 所示。如用卡爪直接夹住工件，接触面长时，则很难调整出轴向圆跳动和径向圆跳动都很好的状态。

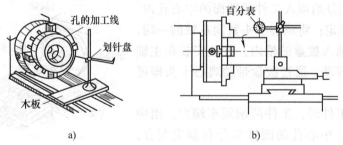

图 3-19　用单动卡盘安装工件时的找正
a）用划线盘找正　b）用百分表找正

4. 用花盘（花盘—弯板）安装

花盘是安装在车床主轴上的一个直径较大的铸铁圆盘。在圆盘面上有许多径向的、穿通的导槽，可以用来固定紧固螺栓，花盘的端面平面度要求较高，并且与主轴轴线垂直。

加工某些形状不规则的、并要求孔的轴线与安装面有位置公差要求的（如平行度或垂直度）复杂零件，可用花盘、弯板安装工件，但安装位置要仔细找正。要求外圆、孔的轴线与安装基面垂直，或端面与安装面平行时，可以把工件直接压在花盘上加工，如图 3-20 所示；当要求孔的轴线与安装面平行，或端面与安装基面垂直时，可用花盘—弯板安装工件，如图 3-21 所示。

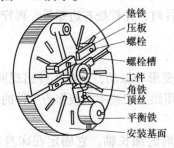

图 3-20　用花盘安装工件

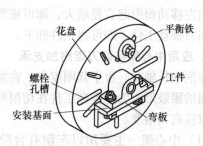

图 3-21　用花盘—弯板安装工件

　　用花盘或弯板安装工件时，由于重心常常偏离主轴轴线，所以常常需要另一边加平衡铁，以减少主轴、花盘旋转时的振动。

5. 用心轴安装

　　盘套类零件其外圆、孔和两个端面常有同轴度或垂直度的要求，但利用卡盘安装加工时无法在一次安装中加工完成有位置精度要求的所有表面。如果把零件调头安装再加工，又无法保证零件的外圆对孔的径向圆跳动和端面对孔的轴向圆跳动要求。因此，需要利用心轴以及精加工过的孔定位，保证有关圆跳动要求。

　　心轴的种类很多，常用的有锥度心轴、圆柱心轴和可胀心轴，如图 3-22 所示。

　　1）锥度心轴：如图 3-22a 所示，其锥度为 1/1000 ~ 1/2000。工件从小端压入心轴，靠心轴圆锥面与工件间的变形将工件夹紧，由于切削力是靠其配合面的摩擦力传递的，故切削力不可太大，切削余量要小。这种方法加工的工件同轴度较高。

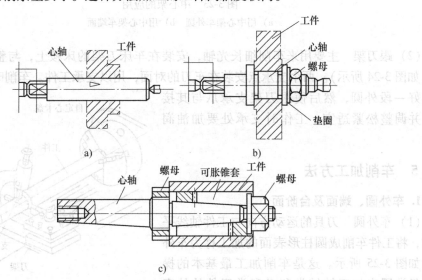

图 3-22　心轴的种类

2）圆柱心轴：如图 3-22b 所示，心轴是做成带螺母压紧形式的，心轴与工件内孔是间隙量很小的间隙配合，工件套在心轴上后，靠螺母及垫圈压紧。这种心轴安装形式定位精度比前者略差。

3）可胀心轴：如图 3-22c 所示，工件装在可胀锥套上，拧紧右边螺母，使锥套沿心轴锥体向左移动而引起直径增大，即可胀紧工件。卸下工件时，先拧松右边螺母，再拧动左边螺母向右推动工件，即可将工件卸下。

6. 应用中心架和跟刀架附加支承

车削细长轴时，由于其刚度差，在加工过程中容易变形和振动，造成工件出现两头细、中间粗的腰鼓形。为了提高工件在切削时的刚性，需采用跟刀架或中心架作为工件的附加支承，以提高其刚度。

（1）中心架　主要用以车削有台阶或需要调头车削的细长轴。它固定在床身导轨上（如图 3-23 所示），车削时先在工件上中心架支承处车出凹槽，调整两个支承与其接触，然后进行车削。

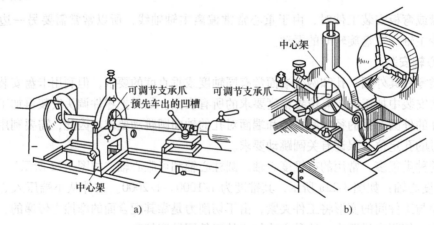

图 3-23　中心架的应用

a）用中心架车外圆　b）用中心架车端面

（2）跟刀架　主要用来车削细长光轴，安装在车床刀架的床鞍上，与整个刀架一起移动（如图 3-24 所示）。两个支承点安装在车刀的对面，用以支承工件。车削时，先将工件一头车好一段外圆，然后使跟刀架支承爪与其接触，并调整松紧适宜。工作时支承处要加油润滑。

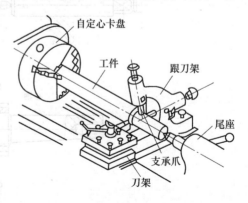

图 3-24　跟刀架的应用

3.1.5　车削加工方法

1. 车外圆、端面及台阶面

（1）车外圆　刀具的运动方向与工件轴线平行时，将工件车削成圆柱形表面的加工称为车外圆，如图 3-25 所示。这是车削加工最基本的操作，经常用来加工轴销类和盘套类工件的外表面。

外圆面的车削分为粗车、半精车、精车和精细车。

粗车的目的是从毛坯上切去大部分余量，为精车做准备。粗车时采用较大的背吃刀量 a_p、较大的进给量以及中等或较低的切削速度，以达到高的生产率。粗车也可作为低精度表面的最终工序。粗车后的尺寸公差等级一般为 IT13 ~ IT11，表面粗糙度值为 $Ra50 ~ 12.5\mu m$。

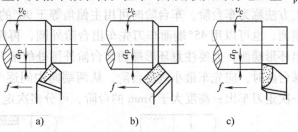

半精车的目的是提高精度和减小表面粗糙度值，可作为中等精度外圆的终加工，亦可作为精加工外圆的预加工。半精车的背吃刀量和进给量较粗车时小。半精车的尺寸公差等级可达 IT10 ~ IT9，表面粗糙度值为 $Ra6.3 ~ 3.2\mu m$。

图 3-25　常见的外圆车削
a）用直头车刀　b）用弯头车刀　c）用90°偏刀

精车的目的是保证工件所要求的精度和表面粗糙度，作为较高精度外圆面的终加工，也可作为光整加工的预加工。精车一般采用小的背吃刀量（$a_p < 0.15mm$）和进给量（$f < 0.1mm/r$），可以采用高的或低的切削速度，以避免积屑瘤的形成。精车的尺寸公差等级一般为 IT8 ~ IT7，表面粗糙度值为 $Ra1.6 ~ 0.8\mu m$。

精细车一般用于技术要求高的、韧性大的有色金属零件的加工。精细车所用机床应有很高的精度和刚度，多使用仔细刃磨过的金刚石刀具。车削时采用小的背吃刀量（$a_p \leq 0.03mm ~ 0.05mm$）、小的进给量（$f = 0.02mm/r ~ 0.2mm/r$）和高的切削速度（$v_c > 2.6m/s$）。精细车的尺寸公差等级可达 IT6 ~ IT5，表面粗糙度值为 $Ra0.4 ~ 0.1\mu m$。

（2）车端面　轴类、盘套类工件的端面经常用来作为轴向定位和测量的基准。车削加工时，一般都先将端面车出。对工件端面进行车削时刀具进给运动方向与工件轴线垂直，如图 3-26 所示，常采用弯头车刀或偏刀来车削。车刀安装时应严格对准工件中心，否则端面中心会留下凸台，无法车平。

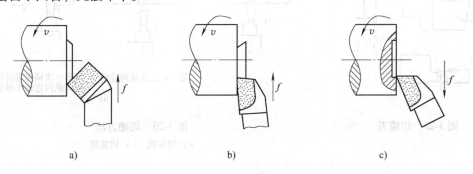

图 3-26　端面车削
a）用弯头车刀　b）用偏刀（由外圆向中心进给）　c）用偏刀（由中心向外圆进给）

车端面时，最好将床鞍固紧在床身上，而用小滑板调整背吃刀量，这样可以避免整个刀架产生纵向松动而使端面出现凹面或凸面。车刀的横向进刀一般是从工件的圆周表面切向中心，而最后一刀精车时则由中心向外进给，以获得较低的表面粗糙度值。

车端面时背吃刀量较大，使用弯头刀比较有利，最后精车端面时用偏刀从中心向外进给能提高端面的加工质量。

(3) 车台阶　阶梯轴上不同直径的相邻两轴段组成台阶，车削台阶处外圆和端面的加工方法称为车台阶。车台阶时可用主偏角等于 90° 的外圆车刀直接车出台阶处的外圆和环形端面，也可以用 45° 端面车刀先车出台阶外圆，再用主偏角大于 90° 的外圆车刀横向进给车出环形端面，但要注意环形端面与台阶外圆处的接刀平整，不能产生内凹或外凸。车削多阶梯台阶时，应先车最小直径台阶，从两端向中间逐个进行车削。台阶高度小于 5mm 时，可一次走刀车出；高度大于 5mm 的台阶，可分多次走刀后再横向切出，如图 3-27 所示。

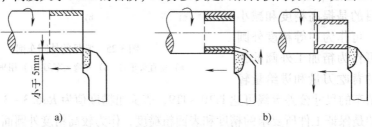

图 3-27　车台阶面
a) 车低台阶　b) 车高台阶

2. 切槽与切断

回转体工件表面经常需要加工一些沟槽，如螺纹退刀槽、砂轮越程槽、油槽、密封圈槽等，分布在工件的外圆表面、内孔或端面上。切槽所用的刀具为切槽刀，如图 3-28 所示，它有一条主切削刃、两条副切削刃、两个刀尖，加工时沿径向由外向中心进刀。

宽度小于 5mm 的窄槽，用主切削刃尺寸与槽宽相等的车槽刀一次车出；车削宽度大于 5mm 的宽槽时，先沿纵向分段粗车，再精车，车出槽深及槽宽，如图 3-29 所示。

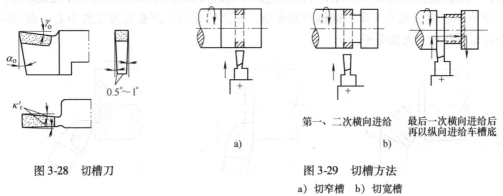

图 3-28　切槽刀　　　　　　　　图 3-29　切槽方法
　　　　　　　　　　　　　　　　　　a) 切窄槽　b) 切宽槽

当工件上有几个同一类型的槽时，槽宽如一致，可以用同一把刀具切削。

切断是将坯料或工件从夹持端上分离下来，使用切断刀。其形状与切槽刀基本相同，只是刀头窄而长。由于切断时刀头伸进工件内部，散热条件差，排屑困难，所以切削时应放慢进给速度，以免刀头折断。

切断时应注意下列事项：

1）切断刀的刀尖应严格与主轴中心等高，否则切断时将剩余一个凸起部分，并且容易使刀头折断，如图 3-30 所示。

2）为了增加系统刚性，工件安装时应距卡盘近些，以免切削时工件振动。另外刀具伸出刀架长度不宜过长，以增加车刀的刚性（如图3-30所示）。

3）切削时采用手动进给，并降低切削速度，加切削液，以改善切削条件。

3. 孔加工

在车床上可以用钻头、镗刀、铰刀进行钻孔、镗孔和铰孔。加工孔时，应在工件一次装夹中与外圆、端面同时完成，以保证它们的垂直度和同轴度。

（1）钻孔　在车床上钻孔时，钻孔所用的刀具为麻花钻。工件的回转运动为主运动，尾座上的套筒推动钻头所做的纵向移动为进给运动，如图3-31所示。钻孔前应将工件端面车平，最好在中心打出小坑，以免钻头引偏。由于孔内散热条件差，排屑困难，麻花钻的刚性差，容易扭断，因此钻孔时，工件的转速宜低，钻头送进应缓慢，并应经常退出钻头排屑及冷却。

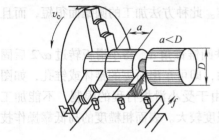

图3-30　切断

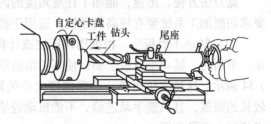

图3-31　在车床上钻孔

钻孔的精度较低，表面粗糙度值高，如孔的要求较高时，钻孔后应再进行铰孔和镗孔。

（2）镗孔　在车床上镗孔时，工件旋转为主运动，镗刀在刀架带动下做进给运动。利用镗孔刀（或称内孔车刀）对钻出的孔或锻、铸出的孔进一步加工，以扩大孔径，提高孔的精度和表面质量。在车床上可以镗通孔、不通孔、台阶孔和孔内环形槽等。

镗通孔时，使用主偏角小于90°的镗刀；镗不通孔或镗台阶时，使用主偏角大于90°的镗刀；镗孔内环形槽时，使用主偏角等于90°的镗刀，如图3-32所示。镗刀杆应尽可

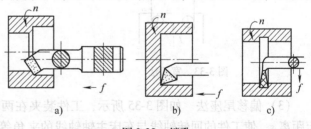

图3-32　镗孔
a）镗通孔　b）镗不通孔　c）镗环形槽

能粗些，安装时伸出刀架长度尽可能短点，以增加刀具刚度。刀尖装得要略高于主轴中心，以减少颤动及避免扎刀。

在车床上镗内孔比车外圆困难。因为镗刀的尺寸受到工件内孔尺寸的限制，刚性差，孔内切削情况不能直接观察；同时散热、排屑条件较差，所以镗内孔的精度和生产率都比车外圆低。在车床上镗孔多用于单件小批生产中。

4. 车圆锥

常用的圆锥有以下4种：

（1）一般圆锥　锥角较大，直接用角度表示，如30°、45°、60°等。

（2）**标准圆锥**　不同锥度有不同的使用场合。常用的标准圆锥有 1∶4，1∶5，1∶20，1∶30，7∶24 等。例如铣刀锥柄与铣床主轴孔就是 7∶24 的锥度。

（3）**米制圆锥**　米制圆锥有 40、60、80、100、120、140、160 和 200 号 8 种，每种号数都表示圆锥大端直径（mm）。米制圆锥的锥度都为 1∶20。

（4）**莫氏圆锥**　莫氏圆锥有 0～6 共 7 个号码。6 号为最大，0 号为最小。每个号数锥度都不同。莫氏圆锥应用广泛，如车床主轴孔、车床尾座套筒孔、各种刀具、工具锥柄等。

标准圆锥、米制圆锥、莫氏圆锥，常被用作工具圆锥。圆锥面配合不但拆卸方便，还可以传递力矩，多次拆卸仍能保证准确的定心作用，所以应用很广。

车削锥面的方法常用的有宽刀法、转动小滑板法、偏移尾座法和靠模法。

（1）**宽刀法**　宽刀法就是利用主切削刃横向直接车出圆锥面，如图 3-33 所示。此时，切削刃的长度要略长于圆锥素线长度，切削刃与工件回转中心线成半锥角。

宽刀法方便、迅速，能加工任意角度的内、外圆锥。此种方法加工的圆锥面很短，而且要求切削加工系统要有较高的刚性，适用于批量生产。

（2）**转动小滑板法**　根据图样标注或计算出的工件圆锥锥角 α，将小滑板转过 $\alpha/2$ 后固定。车削时，摇动小滑板手柄，使车刀沿圆锥素线移动，即可车出所需的锥体或锥孔，如图 3-34 所示。这种方法简单，不受锥度大小的限制。但由于受小滑板行程的限制，不能加工较长的圆锥，且只能手动进给，不能机动进给，劳动强度较大。表面粗糙度的高低靠操作技术控制，不易掌握。

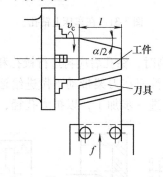

图 3-33　宽刀法

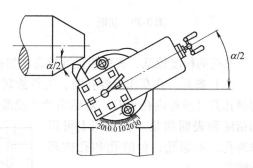

图 3-34　转动小滑板法

（3）**偏移尾座法**　如图 3-35 所示，工件装夹在两顶尖之间，将尾座上部沿横向偏移一定距离 s，使工件的回转轴线与车床主轴轴线的夹角等于工件的半锥角 $\alpha/2$，车刀纵向自动进给即可车出所需锥面。偏距 $s=(D-d)L/2l$。

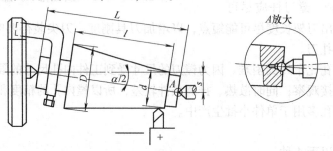

图 3-35　偏移尾座法

为使加工、检验方便，常将尾座上部向操作者一方偏移，以使锥体小端在床尾方向。为了改善顶尖在顶尖孔内的歪斜及不稳定状态，可采用球顶尖，如图 3-35b 所示。

偏移尾座法可自动进给车削较长工件上的锥面，但不能车削锥度较大的工件（$\alpha/2 < 8°$），不能车削锥孔，且调整偏移量费时间，适于单件或小批生产。

（4）靠模法　如图 3-36 所示，靠模装置的底座固定在车床床身上，装在底座上的靠模板可绕中心轴旋转到与工件轴线成所需的半锥角 $\alpha/2$，靠模板内的滑块可自由地沿靠模板滑动，滑块与中滑板用螺钉压板固定在一起，为使中滑板能横向自由滑动，需将中滑板横向进给丝杠与螺母脱开，同时将小滑板转过 90°用于吃刀。当床鞍纵向进给时，滑块既作纵向移动，又带动中滑板做横向移动，从而使车刀运动方向平行于靠模板，加工出的锥面半锥角等于靠模板的转角 $\alpha/2$。

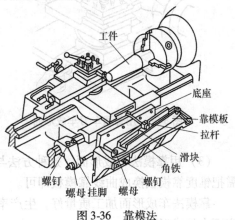

图 3-36　靠模法

5. 车螺纹

带螺纹的零件应用非常广，它可作为连接件、紧固件、传动件以及测量工具上的零件。

车削螺纹是螺纹加工的基本方法。其优点是设备和刀具的通用性大，并能获得精度高的螺纹，所以任何类型的螺纹都可以在车床上加工。其缺点是生产率低，要求工人技术水平高，只有在单件、小批量生产中用车削方法加工螺纹才是经济的。

车螺纹时，应用螺纹车刀，其形状必须与螺纹截面相吻合（可用样板校验），螺纹车刀的刀尖角 $\varepsilon_r = 60°$，前角 $\gamma_f = 0°$，方可车出准确的螺纹截面形状。

螺纹截面的精度还取决于螺纹车刀的刃磨精度及其在车床上的正确安装。螺纹车刀安装时，刀尖必须同螺纹回转轴线等高，刀尖角的平分线垂直于螺纹轴线，平分线两侧的切削刃应对称。如图 3-37 所示为车三角形螺纹时车刀的安装。

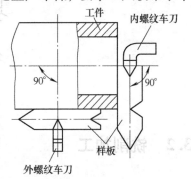

图 3-37　螺纹车刀的安装

加工标准普通螺纹，只要根据工件螺距按机床进给箱上操纵手柄位置标牌选择有关手柄位即可。对于非标准螺纹，则要通过计算交换齿轮的齿数，变更交换齿轮来改变丝杠的转速，从而车出所要求的螺距的螺纹。

6. 车成形面

在回转体上有时会出现素线为曲线的回转表面，如手柄、手轮、圆球等。这些表面称为成形面。成形面的车削方法有手动法、成形刀法、靠模法、数控法等。

（1）用普通车刀车成形面　采用双手操作，同时作纵横向进给，车刀做合成运动，车削出所要求的成形面，如图 3-38 所示。这种方法生产率低，且需大的劳动强度及较高的技巧，只适用于单件生产。

（2）用成形车刀车成形面　切削刃形状和工件成形面素线形状相同的车刀（$\gamma_f = 0°$时）

称为成形车刀。成形车刀车削时，车刀只需横向进给，如图3-39所示。此法操作简单，生产率高。但车刀制造成本高，适用于成批生产中加工轴向尺寸较小的成形面。

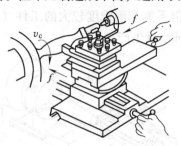

图3-38 用普通车刀车成形面

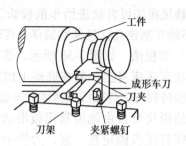

图3-39 用成形车刀车成形面

（3）用靠模法车成形面 这种方法与靠模法加工锥面的方法一样，如图3-40所示，只需把锥度靠模板换成曲线靠模板即可。

靠模法车成形面加工质量好，生产率较高，适于成批或大量生产中，加工尺寸较长、曲率不大的成形面。

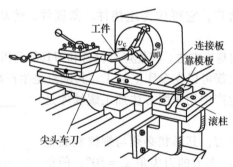

图3-40 用靠模法车成形面

3.2 铣削加工

3.2.1 概述

1. 铣削加工工艺特点及其应用

铣削加工是应用相切法成形原理，用多刃回转体刀具在铣床上对平面、台阶面、沟槽、成形表面、型腔表面、螺旋表面进行加工的加工工艺方法，是目前应用最广泛的加工方法之一。铣削加工时，铣刀的旋转是主运动，铣刀或工件沿坐标方向的直线运动或回转运动是进给运动。不同坐标方向运动的配合联动和不同形状的刀具相配合，可以实现不同类型表面的加工。如图3-41所示为常见铣削加工工艺类型的示例。

铣削加工可以对工件进行粗加工和半精加工，其加工精度可达IT7 ~ IT9，精铣表面时表面粗糙度值可达 $Ra3.2 \sim 1.6\mu m$。

铣刀的每一个刀齿相当于一把切刀，同时多齿参加切削，就其中一个刀齿而言，其切削加工特点与车削加工基本相同。但整体刀具的切削过程又有其特殊之处，主要表现在以下几个方面：

（1）铣削加工生产率高　由于多个刀齿参与切削，切削刃的作用总长度长，每个刀齿的切削载荷相同时，总的金属切除率就会明显高于单刃刀具切削的效率。

铣平面　　　　　铣平面　　　　　铣台面　　　　　铣平面

铣沟槽　　　　　铣沟槽　　　　　切断　　　　　铣曲面

铣键槽　　　　　铁键槽　　　　　铣T形槽　　　　　铁燕尾槽

铣V形槽　　　　铣成形面　　　　铣型腔　　　　　铣螺旋面

图 3-41　常见的铣削加工工艺类型

（2）断续切削　铣削时，每个刀齿依次切入和切出工件，形成断续切削，切入和切出时会产生冲击和振动。此外，高速铣削时刀齿还经受周期性的温度变化即热冲击的作用。这种热和力的冲击会降低刀具的寿命。振动还会影响已加工表面的粗糙度。

（3）容屑和排屑　由于铣刀是多刃刀具，相邻两刀齿之间的空间有限，每个刀齿切下的切屑必须有足够的空间容纳并能够顺利排出，否则会破坏刀具。

（4）加工方式灵活　采用不同的铣削方式、不同的刀具，可以适应不同工件材料和切削条件的要求，以提高切削效率和刀具寿命。

2. 铣削用量四要素

铣削时，铣刀相邻的两个刀齿在工件上先后形成的两个过渡表面之间的一层金属层称为切削层。铣削时切削用量决定切削层的形状和尺寸，切削层的形状和尺寸对铣削过程影响很大。

与车削用量不同，铣削用量有四个要素：背吃刀量 a_p、侧吃刀量 a_e、铣削速度 v_c 和进给量，如图 3-42 所示。

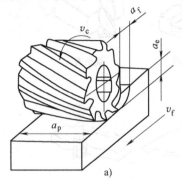
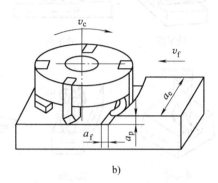

图 3-42　铣削用量要素
a）圆周铣削　b）端面铣削

根据切削刃在铣刀上分布位置的不同，铣削可分为圆周铣削和端面铣削。切削刃分布在刀具圆周表面的切削方式称为圆周铣削；切削刃分布在刀具端面上的铣削方式称为端面铣削。

（1）背吃刀量 a_p　是在通过切削刃基点并垂直于工作平面方向上测量的吃刀量，即平行于铣刀轴线测量的切削层尺寸，单位为 mm。

（2）侧吃刀量 a_e　在平行于工作平面并与切削刃基点的进给运动垂直的方向上测量的吃刀量，即垂直于铣刀轴线测量的切削层尺寸，单位为 mm。

（3）铣削速度 v_c　铣削速度为铣刀主运动的线速度，单位为 m/min。其值可用下式计算：

$$v_c = \pi dn/1000$$

式中　d——铣刀直径（mm）；

　　　n——铣刀转速（r/min）。

（4）进给量　进给量是铣刀与工件在进给方向上的相对位移量。它有 3 种表示方法：

1）每齿进给量 f_z：是铣刀每转一个刀齿时，工件与铣刀沿进给方向的相对位移量，单位为 mm/z。

2）每转进给量 f：是铣刀每转一转时，工件与铣刀沿进给方向的相对位移，单位为 mm/r。

3）进给速度 v_f：是单位时间内工件与铣刀沿进给方向的相对位移，单位为 mm/min。

三者之间的关系为

$$v_f = fn = f_z zn$$

式中　z——铣刀刀齿数。

铣床铭牌上给出的是进给速度。调整机床时，首先应根据加工条件选择 f_z 或 f，然后计算出 v_f，并按照 v_f 调整机床。

3.2.2　铣床

铣床的类型很多，主要有升降台铣床、龙门铣床、工具铣床等。此外还有仿形铣床、仪表铣床和各种专门化铣床。随着数控技术的应用，数控铣床和以铣削、镗削为主要功能的铣镗加工中心的应用也越来越普遍。

1. 普通铣床

（1）升降台铣床　升降台铣床是普通铣床中应用最广泛的一种类型。如图 3-43 所示，它在结构上的特征是，安装工件的工作台可在相互垂直的三个方向上调整位置，并可在各个方向上实现进给运动。安装铣刀的主轴仅做旋转运动。升降台铣床可用来加工中小型零件的平面、沟槽，配置相应的附件可铣削螺旋槽、分齿零件等，因而广泛用于单件小批量生产车间、工具车间及机修车间。

根据主轴的布置形式，升降台铣床可分为卧式和立式两种。如图 3-43 所示为 XA6132 型卧式升降台铣床。机床结构比较完善，变速范围大，刚性好，操作方便。其与普通升降台铣床的区别在于工作台与升降台之间增加一回转盘，可使工作台在水平面上回转一定角度。

（2）龙门铣床　龙门铣床是一种大型高效通用机床，结构上呈框架式结构布局，具有较高的刚度及抗震性。如图 3-44 所示。在横梁及立柱上均安装有铣削头，每个铣削头都是一个独立的主运动部件，其中包括单独的驱动电动机、变速机构、传动机构、操纵机构及主轴等部分。加工时，工作台带动工件做纵向进给，其余运动由铣削头实现。

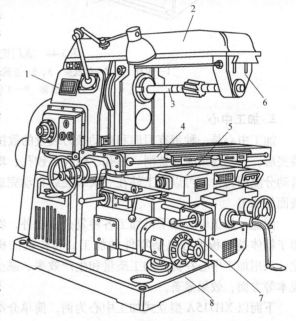

图 3-43　卧式升降台铣床
1—床身　2—悬梁　3—铣刀轴　4—工作台　5—滑座
6—悬梁支架　7—升降台　8—底座

龙门铣床主要用于大中型工件平面、沟槽的加工，可以对工件进行粗铣、半精铣，也可以进行精铣加工。由于龙门铣床可以用多把铣刀同时加工几个表面，所以它的生产效率很高，在成批和大量生产中得到广泛的应用。

（3）万能工具铣床　万能工具铣床的横向进给运动由主轴座的移动来实现，纵向及垂直方向进给运动由工作台及升降台的移动来实现，如图 3-45 所示。万能工具铣床除了能完成卧式铣床和立式铣床的加工外，若配备固定工作台、可倾斜工作台、回转工作台、平口钳、分口钳、分度头、立铣头、插削头等附件后，可大大增加机床的万能性。它适用于工具、刀具及各种模具加工，也可用于仪器仪表等行业加工形状复杂的零件。

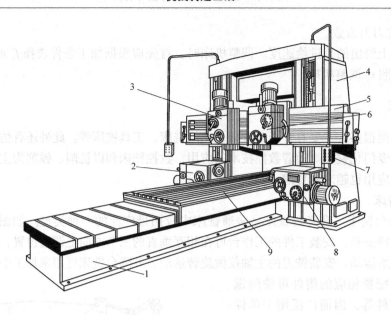

图 3-44　龙门铣床
1—床身　2、8—侧铣头　3、6—立铣头　4—立柱　5—横梁
7—操纵箱　9—工作台

2. 加工中心

加工中心是一种带有刀库和自动换刀装置的数控机床。通过自动换刀，可使工件在一次装夹后，自动连续完成铣削、钻孔、镗孔、铰孔、攻螺纹、切槽等加工，如果加工中心带有自动分度回转台，可以使工件在一次装夹后自动完成多个表面的加工。

因此，加工中心除了可加工各种复杂曲面外，特别适用于箱体类和板类等复杂零件的加工。与传统的机床相比，采用加工中心在提高加工质量和生产效率、减少加工成本等方面，效果显著。

下面以 XH715A 型立式加工中心为例，简单介绍加工中心的结构特点及应用。

XH715A 型立式加工中心如图 3-46 所示，它包括基础部件（床身、立柱）、主轴部件、自动换刀系统、x—y 工作台部件、辅助装置和数控系统等部分，采用了机、电、气、液一体化布局。滑座 2 安装在床身 1 顶面的导轨上做横向（前后）运动（y 轴）；工作台 3 安装在滑座 2 顶面

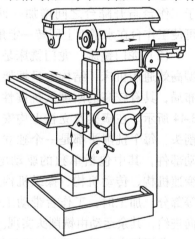

图 3-45　万能工具铣床

的导轨上做纵向（左右）运动（x 轴）；主轴箱 5 在立柱 4 导轨上做竖直（上下）运动（z 轴）。在立柱左侧前部是圆盘式刀库 7 和换刀机械手 8，在机床后部及其两侧分别是驱动电动机柜、数控柜、液压系统、主轴箱恒温系统、润滑系统、压缩空气系统和冷却排屑系统。操作面板 6 悬伸在机床的右前方，操作者可通过面板上的按键和各种开关实现对机床的控制。该机床以铣削、镗削为主，配用日本 FANUC-OME 或德国 SIEMENS-810M 等系统实现三坐标联动，具有足够的切削刚性和可靠的精度稳定性。其刀库容量为 20 把刀，可在工件一

次装夹后，按程序自动完成铣、镗、钻、铰、攻螺纹及三维曲面等多种加工。很适合于一般机械制造、汽车、电子等行业中加工批量生产的板类、盘类及中小型箱体、模具等零件。

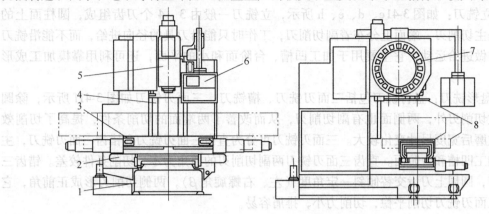

图 3-46　XH715A 型立式加工中心

1—床身　2—滑座　3—工作台　4—立柱　5—主轴箱　6—操作面板

7—刀库　8—换刀机械手

主要技术参数如下：

工作台面尺寸：550mm × 1360mm

主轴转速：25 ~ 5000r/min

快速移动：15m/min

进给速度：1 ~ 4000mm/min

刀库容量：20 把

定位精度：±0.01/300mm

重复定位精度：±0.008mm

3.2.3　铣刀

1. 铣刀的类型

铣刀是铣削加工所用的刀具，根据加工对象的不同，铣刀有许多不同的类型，是金属切削刀具中种类最多的刀具之一。

1）按用途不同，铣刀可分为圆柱铣刀、面铣刀、盘形铣刀、立铣刀、键槽铣刀、模具铣刀、角度铣刀、成形铣刀等。

2）按结构不同，铣刀分为整体式、焊接式、装配式、可转位式。

3）按齿背形式，铣刀可分为尖齿铣刀和铲齿铣刀。

2. 铣刀的应用

1）圆柱铣刀：如图 3-41a 所示，圆柱铣刀仅在圆柱表面上有直线或螺旋线切削刃（螺旋角 $\beta = 30° ~ 45°$），没有副切削刃。圆柱铣刀一般用高速钢整体制造，用于卧式铣床上加工面积不大的平面。GB/T 1115.1—2002 规定，其直径有 50mm、63mm、80mm、100mm 四种规格。

2）面铣刀：如图 3-41b 所示，面铣刀主切削刃分布在圆柱或圆锥表面上，端部切削刃为副切削刃。按刀齿材料可以分为高速钢面铣刀和硬质合金面铣刀两类。面铣刀多制成套式镶齿结构，可用于立式或卧式铣床上加工台阶面和平面，生产效率较高。

3）立铣刀：如图3-41c、d、e、h所示，立铣刀一般由3~4个刀齿组成，圆柱面上的切削刃是主切削刃，端面上分布着副切削刃，工作时只能沿刀具的径向进给，而不能沿铣刀轴线方向做进给运动。它主要用于加工凹槽、台阶面和小的平面，还可利用靠模加工成形面。

4）盘形铣刀：盘行铣刀包括三面刃铣刀、槽铣刀。三面刃铣刀如图3-41f所示，除圆周具有主切削刃外，两侧面也有副切削刃，从而改善了两端面的切削条件，提高了切削效率，但重磨后宽度尺寸变化较大。三面刃铣刀可分为直齿三面刃铣刀和错齿三面刃铣刀，主要用于加工凹槽和台阶面。直齿三面刃铣刀两副切削刃的前角为零，切削条件较差。错齿三面刃铣刀，圆周上刀齿交替倾斜一定角度（左、右螺旋角 β），两侧切削刃形成正前角，它比直齿三面刃铣刀切削平稳，切削力小，排屑容易。

槽铣刀如图3-41g所示，仅在圆柱表面上有刀齿，侧面无切削刃。为减少摩擦，两侧面磨出1°的副偏角（侧面内凹），并留有0.5~1.2mm棱边，重磨后宽度变化较小。可用于加工IT9级左右的凹槽和键槽。

5）键槽铣刀：如图3-41i、j所示，键槽铣刀只有两个刀瓣，圆柱面和端面都有切削刃。加工时，先轴向进给达到槽深，然后沿键槽方向铣出键槽全长。主要用于加工圆头封闭键槽。

6）角度铣刀：角度铣刀有单角铣刀和双角铣刀两种，如图3-41l、m所示，主要用于铣削沟槽和斜面。

7）成形铣刀：如图3-41n、p所示，成形铣刀用于加工成形表面，其刀齿廓形根据被加工工件的廓形来确定。

8）模具铣刀：如图3-41o所示，模具铣刀主要用于加工模具型腔或凸模成形表面。其头部形状根据加工需要可以是圆锥形、圆柱形球头和圆锥形球头等形式。

3.2.4　工件在铣床上的安装

1. 用平口钳安装

平口钳是一种通用夹具，如图3-47所示。使用前，先校正平口钳在工作台上的位置，以保证固定钳口部分与工作台台面的垂直度和平行度，然后再夹紧工件，进行铣削加工。

2. 用回转工作台安装

如图3-48a所示，其内部有一幅蜗轮蜗杆，转动手轮即可使蜗杆转动，随即带动蜗轮旋转而使转台转动。转台圆周和手轮上有刻度，可以准确确定转台的位置。如图3-48b所示为在回转工作台上铣圆弧槽的情况。

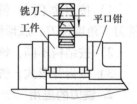

图3-47　用平口钳安装工件

3. 用万能分度头安装

万能分度头是一种分度装置，由底座、转动体、分度盘、主轴和顶尖等组成，如图3-49所示。主轴装在转动体内，并可随转动体在垂直平面内扳动成水平、垂直或倾斜位置，可利用分度头把工件安装成水平、垂直及倾斜位置；同时主轴前端有锥孔，可以安装顶尖，主轴有外螺纹，用来安装卡盘，在顶尖和卡盘上可以安装工件，用万能分度头安装工件，如图 3-50 所示。例如铣齿轮时，要求铣完一个齿形后转过一个角度，再铣下一个齿，这种使工件转过一定角度的工作就是分度。分度时，摇动手柄，通过蜗杆、蜗轮带动分度头主轴，再通过主轴带动安装在轴上的工件旋转。

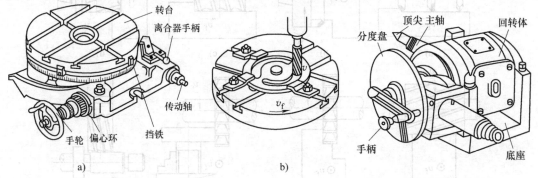
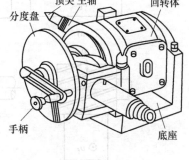

图 3-48　回转工作台　　　　　　　　　　　　　图 3-49　万能分度头

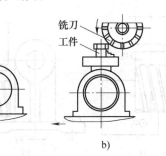

图 3-50　用万能分度头安装工件

a）用分度头顶尖安装　b）用分度头卡盘安装（竖直）　c）用分度头卡盘安装（倾斜）

　　铣床常用的工件安装方法有平口钳安装、压板螺栓安装（图 3-51a）、V 形块安装（图 3-51b）。

　　另外，当零件的生产批量较大时，可采用专用夹具或组合夹具安装工件。这样既能提高生产效率，又能保证产品质量。

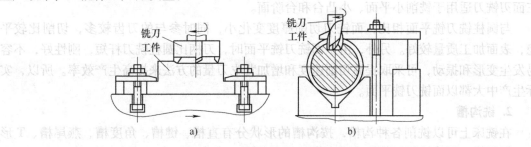

图 3-51　铣床常用的工件安装方法

a）用压板螺栓安装　b）用 V 形块安装

3.2.5　铣削加工方法

1. 铣平面

铣平面的各种方法如图 3-52 所示。

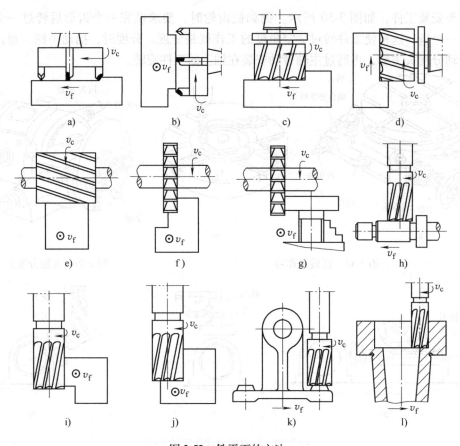

图 3-52　铣平面的方法

a) 面铣刀铣水平面　b) 面铣刀铣垂直面　c) 套式立铣刀铣水平面　d) 套式立铣刀铣垂直面
e) 圆柱铣刀铣水平面　f) 三面刃铣刀铣台阶面　g) 三面刃铣刀铣平面　h) 立铣刀铣轴扁平面
i) 立铣刀铣垂直面　j) 立铣刀铣台阶面　k) 立铣刀铣小凸台　l) 立铣刀铣内凹平面

　　可见，铣平面的方法很多，其中面铣刀和圆柱铣刀适用于加工大尺寸平面，而立铣刀和三面刃铣刀适用于铣削小平面、小凸台和台阶面。

　　与圆柱铣刀铣平面相比，面铣刀切削厚度变化小，同时参与的刀齿较多，切削比较平稳，表面加工质量较好。另外，由于面铣刀铣平面时，刀柄比圆柱铣刀杆短，刚性好，不容易发生变形和振动，可采取提高切削速度和增加背吃刀量的方法来提高生产效率。所以，实际生产中大都以面铣刀铣平面。

2. 铣沟槽

　　在铣床上可以铣削各种沟槽，按沟槽的形状分有直槽、键槽、角度槽、燕尾槽、T 形槽、圆弧槽、螺旋槽等，其加工形式如图 3-53 所示。

　　铣键槽时，虽然键槽铣刀端面有切削刃可直接进行切削，但其端面中心处切削刃强度较弱，要选择较小的进给量，所以一般手动进给。

　　铣 T 形槽及燕尾槽时，一般是先用三面刃铣刀在卧式铣床上或在立式铣床上铣出直槽，而后在立式铣床上采用专用的 T 形槽铣刀和燕尾槽铣刀加工。由于 T 形槽及燕尾槽的排屑不畅，散热条件较差，故切削用量要小，常采用手动进给。

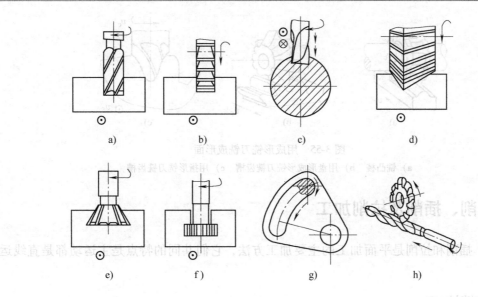

图 3-53 铣沟槽

a）立铣刀铣直槽 b）三面刃铣刀铣直槽 c）键槽铣刀铣键槽 d）铣角度槽
e）铣燕尾槽 f）铣 T 形槽 g）在圆形工作台上用立铣刀铣圆弧槽 h）铣螺旋槽

3. 铣斜面

1）用倾斜的垫铁将工件垫成所需的角度铣斜面，如图 3-54a 所示。

2）在主轴能绕水平轴旋转的立式铣床上，以及带有万能铣头的卧式铣床上，可用改变主轴和铣刀角度的方法来铣斜面，如图 3-54b 所示。

3）用与斜面角度相同的角度铣刀铣斜面，如图 3-54c 所示。

4）对于圆形或特殊形状的工件可利用分度头将工件转成所需角度来铣斜面，如图 3-54d 所示。

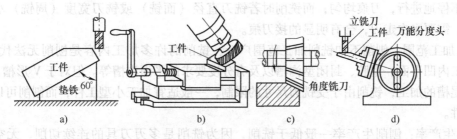

图 3-54 铣斜面

a）使用垫铁铣斜面 b）用偏转铣刀铣斜面 c）用角度铣刀铣斜面 d）用分度头铣斜面

4. 铣成形面

一般要求不高的成形面可按划线在立式铣床上加工。在加工成批或大量的曲面时，还可利用靠模加工。

铣成形面时，可利用成形铣刀来铣削。成形铣刀切削刃的形状应与成形面的形状相吻合，成形面可在卧式铣床上用成形铣刀加工，如图 3-55 所示。

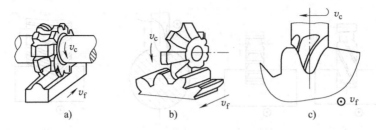

图 3-55　用成形铣刀铣成形面
a）铣凸棱　b）用盘形成形铣刀铣齿槽　c）用指形铣刀铣齿槽

3.3　刨削、插削及拉削加工

刨削、插削和拉削是平面加工的主要加工方法，它们共同的特点是主运动都是直线运动。

3.3.1　刨削加工

在刨床上用刨刀加工工件的工艺过程称为刨削加工。

1. 刨削加工的工艺特点及应用范围

刨削主要用于加工平面和沟槽。刨削可分为粗刨和精刨，精刨后的表面粗糙度值可达 $Ra3.2 \sim 1.6\mu m$，两平面之间的尺寸精度可达 IT9 ~ IT7 级，直线度可达 0.04 ~ 0.12mm/m。

（1）刨削加工的工艺特点　刨削和铣削都是以加工平面和沟槽为主的切削加工方法，刨削与铣削相比有如下特点：

1）加工质量：刨削加工的精度和表面粗糙度与铣削大致相当，但刨削主运动为往复直线运动，只能中低速切削。当用中等切削速度刨削钢件时，易出现积屑瘤，影响表面粗糙度；而硬质合金镶齿面铣刀可采用高速铣削，表面粗糙度值较小。加工大平面时，刨削进给运动可不停地进行，刀痕均匀；而铣削时若铣刀直径（面铣）或铣刀宽度（周铣）小于工件宽度，需要多次走刀，会有明显的接刀痕。

2）加工范围：刨削不如铣削加工范围广泛，铣削的许多加工内容是刨削无法代替的，例如加工内凹平面、型腔、封闭型沟槽以及有分度要求的平面沟槽等。但对于 V 形槽、T 形槽和燕尾槽的加工，铣削由于受铣刀尺寸的限制，一般适宜加工小型工件，而刨削可以加工大型工件。

3）生产率：刨削生产率一般低于铣削，因为铣削是多刃刀具的连续切削，无空程损失，硬质合金面铣刀还可以高速切削。但加工窄长平面，刨削的生产率则高于铣削，这是由于铣削不会因为工件较窄而改变铣削进给的长度，而刨削却可以因工件较窄而减少走刀次数。因此如机床导轨面等窄平面的加工多采用刨削。

4）加工成本：由于牛头刨床结构比铣床简单，刨刀的制造和刃磨比铣刀容易，因此，一般刨削的成本比铣削低。

（2）刨削加工的应用　如图 3-56 所示，刨削主要用来加工平面（包括水平面、垂直面和斜面），也广泛用于加工直槽，如直角槽、燕尾槽和 T 形槽等。如果进行适当地调整和增加某些附件，还可用来加工齿条、齿轮、花键和素线为直线的成形面等。

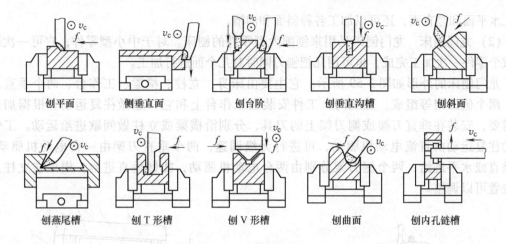

刨平面　　　侧垂直面　　　刨台阶　　　刨垂直沟槽　　　刨斜面

刨燕尾槽　　　刨 T 形槽　　　刨 V 形槽　　　刨曲面　　　刨内孔链槽

图 3-56　刨削加工的应用

2. 刨床

刨削加工是在刨床上进行的，常用的刨床有牛头刨床和龙门刨床。牛头刨床主要用于加工中小型零件，龙门刨床则用于加工大型零件或同时加工多个中型零件。

（1）牛头刨床　牛头刨床适合于加工中小型零件。现以常用的 B6065 型牛头刨床为例进行介绍。

1）牛头刨床的编号方法：B6065 型牛头刨床，其中 B 为刨床汉语拼音的第一个字母；60 为牛头刨床类别；65 是指最大刨削长度的厘米数，即 B6065 型牛头刨床的最大刨削长度为 650cm。

2）牛头刨床的组成部分及其作用：B6065 型牛头刨床如图 3-57 所示。

①床身：用来支承刨床的各部件。其顶面有导轨，供滑枕沿导轨做往复直线运动。垂直面有导轨，供工作台升降使用，床身内部有传动机构。

②滑枕：滑枕主要用来带动刨刀做往复直线运动，滑枕的前端装有刀架。

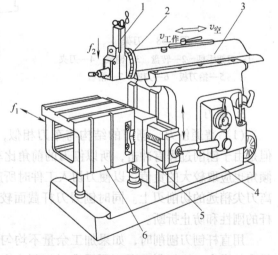

图 3-57　牛头刨床外形图
1—刀架　2—转盘　3—滑枕　4—床身　5—横梁　6—工作台

③刀架：刀架的结构如图 3-58 所示，其主要用于夹持刨刀。当转动刀架手柄时，滑板便可沿转盘上的导轨带动刨刀作上下移动。若松开转盘上的螺母，可将转盘转一定角度，以实现刀架斜向进给，滑板上装有可偏转的刀座，抬刀板可以绕销轴向上转动，这样在空行程时，刀板绕销轴自由上抬，可减少刀具与工件的摩擦。

在牛头刨床上加工时，常采用平口钳或螺栓压板将工件装夹在工作台上，刨刀装在滑枕的刀架上。滑枕带动刨刀的往复直线运动为主切削运动，工作台带动工件沿垂直于主运动方向的间歇运动为进给运动。刀架的转盘可绕水平轴线扳转角度，这样在牛头刨床上不仅可以加工水平面和竖直面，还可以加工各种斜面和沟槽。

（2）龙门刨床　龙门刨床是用来刨削大型零件的刨床。对于中小型零件，它可一次装夹数个零件一次加工完成，也可用几把刨刀同时对几个面进行加工。

龙门刨床的外形如图 3-59 所示。它主要由床身、立柱、横梁、工作台、两个垂直刀架、两个侧刀架等组成。加工时，工件安装在工作台上和它一起做往复运动。根据加工的需要，安装在垂直刀架或侧刀架上的刀具，分别沿横梁或立柱做间歇进给运动。工作台的往复运动由直流电动机驱动，可进行无级调速，两个垂直刀架由一台电动机驱动，做垂直或水平进给，两个侧刀架分别由两台电动机驱动，能做垂直进给。横梁在立柱上的位置可以调整。

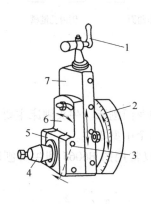

图 3-58　刀架

1—刀架手柄　2—转盘　3—销轴　4—刀夹
5—抬刀板　6—刀座　7—滑板

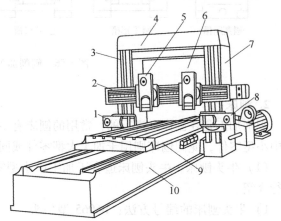

图 3-59　龙门刨床外形图

1—左侧刀架　2—横梁　3—左立柱　4—顶梁
5—左垂直刀架　6—右垂直刀架　7—右立柱
8—右侧刀架　9—工作台　10—床身

3. 刨刀

（1）普通刨刀　刨刀的结构与车刀相似，其几何角度的选取原则也与车刀基本相同，但是由于刨削过程有冲击，所以刨刀的前角比车刀要小（一般小于 $5° \sim 6°$），而且刨刀的刃倾角也应取较大的负值，以使刀切入工件时所产生的冲击力不是作用在刀尖上，而是作用在离刀尖稍远的切削刃上。同时刨刀刀杆截面较大，以增加刀杆的刚性和防止折断。

用直杆刨刀刨削时，如果加工余量不均匀会造成背吃刀量突然增大，或切削刃遇到硬质点时切削力突然增大，此时将使刨刀弯曲变形，使之绕 O 点画一圆弧，如图 3-60 所示，造成切削刃切入已加工表面，降低已加工表面的质量和尺寸精度，同时也容易损坏切削刃。为避免上述情况的发生，可采用弯杆刨刀，当切削力突然增大时，刀杆产生的弯曲变形会使刀尖离开工件，避免刀尖扎入工件。

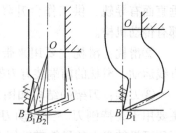

图 3-60　刨刀

刨刀的种类很多，其中平面刨刀用来刨平面；偏刀用来刨垂直面或斜面；角度偏刀用来刨燕尾槽和角度；弯切刀用来刨 T 形槽及侧面槽；切刀及割槽刀用来切断工件或刨沟槽。此外还有成形刀，用来刨特殊形状的表面。常用的刨刀如图 3-61 所示。

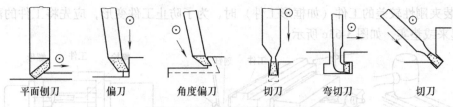

图 3-61　常用刨刀的形状及其应用

（2）宽刃刨刀　如图 3-62 所示，其切削刃比普通刨刀宽，刃宽小于 50mm 时，用硬质合金刀片，刃宽大于 50mm 时，用高速钢刀片。切削刃要平整光洁，前后刀面的表面粗糙度值要小于 $Ra0.1\mu m$。选取 $-10°\sim-20°$ 的负值刃倾角，以使刀具逐渐切入工件，减少冲击，使切削平稳。宽刃刨刀应用于精密刨削加工。

精密刨削是在普通精刨的基础上，使用高精度的龙门刨床和宽刃细刨刀，以低速和大进给量在工件表面切去一层极薄的金属。由于切削力、切削热和工件变形都很小，从而可获得比普通精刨更高的加工质量。表面粗糙度值可达 $Ra1.6\sim0.8\mu m$，直线度可达 $0.02mm/m$。

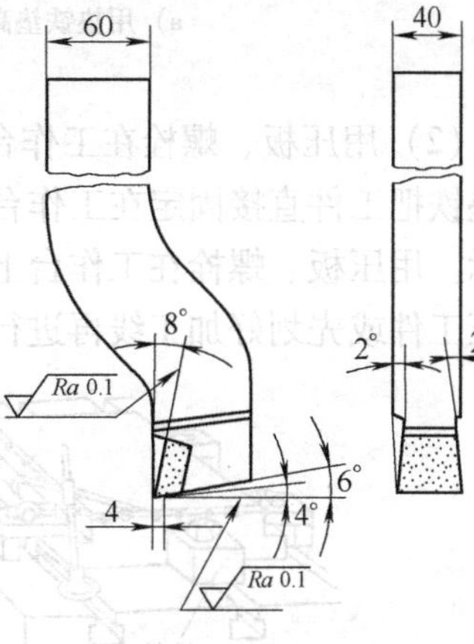

宽刃细刨刀主要用来代替手工刮削各种导轨平面，可使生产率提高几倍，应用较为广泛。宽刃细刨刀对机床、刀具、工件、加工余量、切削用量和切削液要求严格。

1）刨床的精度要求高，运动平稳性要好。为了维护机床精度，细刨机床不能用于粗加工。

图 3-62　宽刃细刨刀

2）工件材料组织和硬度要均匀，粗刨和普通精刨后都要进行时效处理。工件定位基面要平整光洁，表面粗糙度值要小于 $Ra3.2\mu m$，工件的装夹方式和夹紧力的大小要适当，以防止变形。

3）总的加工余量为 $0.3\sim0.4mm$，每次进给的背吃刀量为 $0.04\sim0.05mm$，进给量根据刃宽或圆弧半径确定，一般切削速度选取 $v_c=2\sim10m/min$。

4）宽刃细刨时要加切削液。加工铸铁时常用煤油；加工钢件时常用机油和煤油（2:1）的混合剂。

4. 工件在刨床上的安装

安装方法根据被加工工件的形状和尺寸大小而定。

（1）用平口虎钳安装工件　机用平口钳是一种通用性较强的装夹工具，使用方便灵活，适用于装夹形状简单、尺寸较小的工件。在装夹工件之前，应先把机用平口钳钳口找正并固定在工作台上。在机床上用机用平口钳装夹工件的注意事项如下：

1）工件的被加工面必须高出钳口，否则应用平行垫铁垫高。

2）为了保护钳口不受损伤，在夹持毛坯件时，常先在钳口上垫铜皮等护口片。

3）使用垫铁夹紧工件时，要用木槌或铜锤轻击工件的上平面，使工件紧贴垫铁。夹紧后要用手抽动垫铁，如有松动，说明工件与垫铁贴合不紧，刨削时工件可能会移动，应松开机用平口钳重新夹紧，如图 3-63a 所示。

4）如果工件按划线加工，可用划针和内卡钳来找正工件，如图 3-63b 所示。

5）装夹刚性较差的工件（如框形工件）时，为了防止工件变形，应先将工件的薄弱部分支撑起来或垫实，如图3-63c所示。

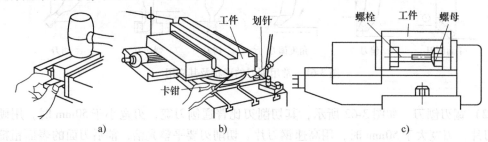

图3-63　用机用平口钳安装工件

a）用垫铁垫高工件　b）用划线法校正工件　c）框形工件的夹紧

（2）用压板、螺栓在工作台上安装工件　有些工件较大或形状特殊，需要用压板螺栓和垫铁把工件直接固定在工作台上进行刨削。安装时先把工件找正，具体安装方法如图3-64所示。用压板、螺栓在工作台上装夹工件时，根据工件装夹精度要求，也用划针、百分表等找正工件或先划好加工线再进行找正。

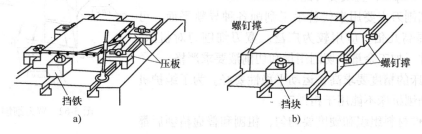

图3-64　在工作台上安装工件

a）用压板螺钉　b）用螺钉撑和挡块

（3）用专用夹具安装工件　这种安装方法既保证工件加工后的准确性，又安装迅速，不需花费找正时间，但要预先制造专用夹具，所以多用于成批生产。

3.3.2　插削加工

插削加工可以认为是立式刨削加工，是在插床上利用插刀来进行加工，主要用于单件小批生产中加工零件的内表面，例如孔内键槽、方孔、多边形孔和花键孔等，也可以加工某些不便于铣削或刨削的外表面（平面或成形面）。其中用得最多的是插削各种盘类零件的内键槽，如图3-65所示。

插床外形如图3-66所示。工件安装在插床圆工作台上，插刀装在滑枕的刀架上。滑枕带动插刀在竖直方向的往复直线运动为主切削运动，工作台带动工件沿垂直于主运动方向的间歇运动为进给运动，圆工作台还可绕垂直轴线回转，实现圆周进给和分度。滑枕导轨座可绕水平轴线在前后小范围内调整角度，以便加工斜面和沟槽。插削前需在工件端面上画出键槽加

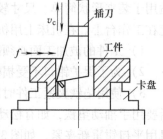

图3-65　插削孔内键槽

工线，以便对刀和加工，工件用自定心卡盘和单动卡盘夹持在工作台上，插削速度一般为 20~40m/min。

键槽插刀的种类如图 3-67 所示，图 3-67a 所示为高速钢整体插刀，一般用于插削较大孔径内的键槽；图 3-67b 所示为机夹插刀，刀杆为圆柱形，在径向方孔内安装刀头，刚性较好，可以用于加工各种孔径的内键槽，插刀材料可为高速钢和硬质合金。为避免回程时插刀后刀面与工件已加工表面发生剧烈摩擦，插削时需采用活动刀杆，如图 3-67c 所示。当刀杆回程时，夹刀板 3 在摩擦力作用下绕转轴 2 沿逆时针方向稍许转动，后刀面只在工件已加工表面轻轻擦过，可避免刀具损坏。回程终了时，弹簧 1 的弹力使夹刀板恢复原位。

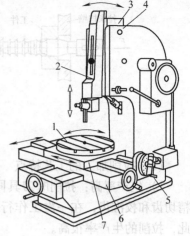

图 3-66 插床外形图
1—圆工作台 2—滑枕 3—滑枕导轨座
4—床身 5—分度装置 6—床鞍
7—溜板

插床上多用自定心卡盘、单动卡盘和插床分度头等安装工件，也可用平口钳和压板螺栓安装工件。

插削生产率低，一般用于工具车间、机修车间和单件小批量生产中。

插削的表面粗糙度值为 $Ra6.3~1.6\mu m$。由于插削与刨削加工一样，生产效率低，所以主要用于单件小批量生产和修配加工。

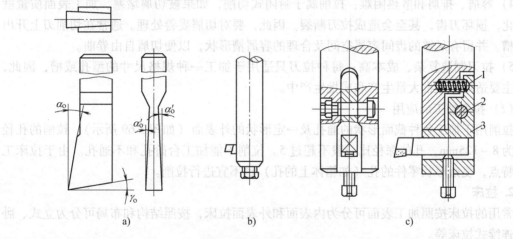

图 3-67 键槽插刀的种类
a) 高速钢整体插刀 b) 机夹插刀 c) 插刀活动刀杆
1—弹簧 2—转轴 3—夹刀板

3.3.3 拉削加工

1. 拉削加工的工艺特点及应用

拉削加工是在拉床上利用拉刀对工件进行加工，如图 3-68 所示。拉削的主切削运动是拉刀的轴向移动，进给运动是由拉刀前后刀齿的高度差来实现的。因此，拉床只有主运动，没有进给运动。拉削时动力通常由液压系统提供，拉刀做平稳的低速直线运动。

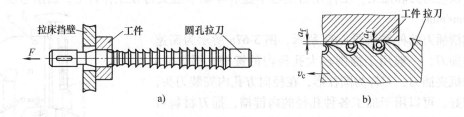

图 3-68　圆孔拉削加工

（1）拉削加工的工艺特点

1）生产率高：拉削时刀具同时工作的刀齿数多、切削刃长，且拉刀的刀齿分粗切齿、精切齿和校准齿，在一次工作行程中就能完成工件的粗、精加工及修光，机动时间短，因此，拉削的生产率很高。

2）加工质量较高：拉刀是定尺寸刀具，用校准齿进行校准、修光工作；拉床采用液压系统，驱动平稳；拉削速度低（$v_c = 2 \sim 8\text{m/min}$），不会产生积屑瘤。因此，拉削加工质量好，精度可以达到 IT8 ～ IT7 级，表面粗糙度值为 $Ra1.6 \sim 0.4\mu\text{m}$。

3）拉刀寿命长：由于拉削切削速度低，切削厚度小，在每次拉削过程中，每个刀齿只切削一次，工作时间短，拉刀磨损小。另外，拉刀刀齿磨钝后，还可重磨几次。

4）容屑、排屑和散热困难：拉削属于封闭式切削，如果被切屑堵塞，加工表面质量就会恶化，损坏刀齿，甚至会造成拉刀断裂。因此，要对切屑妥善处理。通常在切削刃上开出分屑槽，并留有足够的齿间容屑空间及合理的容屑槽形状，以便切屑自由卷曲。

5）拉刀制造复杂、成本高：每种拉刀只适用于加工一种规格尺寸的型孔或槽，因此，拉削主要适用于大批大量生产和成批生产中。

（2）拉削加工的应用

拉削用于加工各种截面形状的通孔及一定形状的外表面（如图 3-69 所示）。拉削的孔径一般为 8 ～ 125mm，孔的深径比一般不超过 5。拉削不能加工台阶孔和不通孔。由于拉床工作的特点，复杂形状零件的孔（如箱体上的孔）也不宜进行拉削。

2. 拉床

常用的拉床按照加工表面可分为内表面和外表面拉床，按照结构和布局可分为立式、卧式和连续式拉床等。

如图 3-70 所示为卧式拉床外形图。

床身的左侧装有液压缸，由压力油驱动活塞，通过活塞杆右部的刀夹（由随动支架支承）夹持拉刀沿水平方向向左做主运动。拉削时，工件以其基准面紧靠在拉床挡板的端面上。拉刀尾部支架和支承滚柱用于承托拉刀。一件拉完后，拉床将拉刀送回到支承座右端，将工件穿入拉刀，将拉刀左移使其柄部穿过拉床支承座插入刀夹内，即可进行第二次拉削。拉削开始后，支承滚柱下降不起作用，只有拉刀尾部支架随行。

3. 拉刀

拉刀是一种多刃的专用工具，结构复杂。一把拉刀只能加工一种形状和尺寸规格的表面，利用刀齿尺寸或廓形变化切除加工余量，以达到要求的尺寸和表面粗糙度。

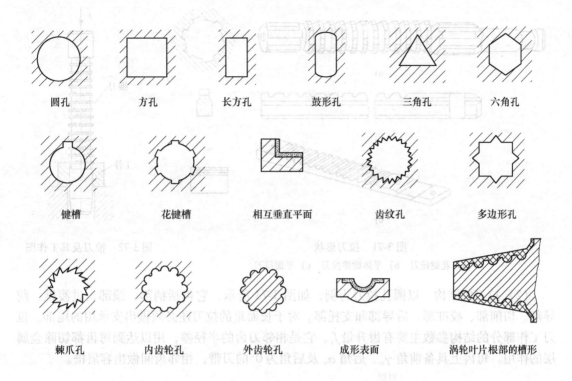

图 3-69　拉削加工的典型工件截面形状

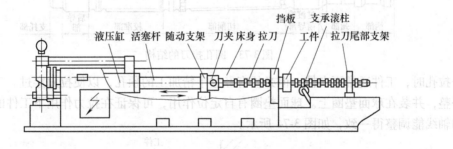

图 3-70　卧式拉床外形图

（1）拉刀的种类

1）按加工表面的不同，拉刀可分为内拉刀和外拉刀。常见的拉刀有圆柱拉刀、花键拉刀、四方拉刀、键槽拉刀和平面拉刀等，如图 3-71 所示。

2）按拉刀结构不同，可分为整体拉刀、焊接拉刀、装配拉刀和镶齿拉刀。加工中、小尺寸表面的拉刀，常制成高速钢整体形式。加工大尺寸、复杂形状表面的拉刀，则可由几个零部件组装而成。对于硬质合金拉刀，可利用焊接或机械镶嵌的方法将刀齿固定在结构钢刀体上。

3）按受力方向不同，又可分为拉刀和推刀。推刀是在推力作用下工作的，主要用于校正与修光硬度低于 45HRC 且变形量小于 0.1mm 的孔。推刀的结构与拉刀相似，它齿数少、长度短，如图 3-72 所示。

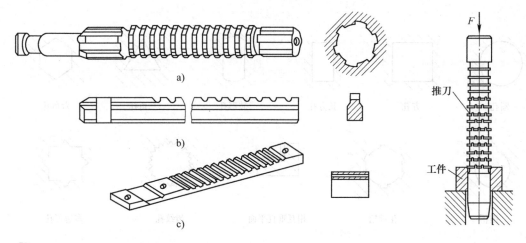

图 3-71　拉刀形状
a) 花键拉刀　b) 平体键槽拉刀　c) 平面拉刀

图 3-72　推刀及其工作图

（2）拉刀的结构　以圆孔拉刀为例，如图 3-73 所示，它包括柄部、颈部、过渡锥、前导部、切削部、校准部、后导部和支托部。对于长而重的拉刀还必须做出支承用的尾部。拉刀工作部分的结构参数主要有齿升量 f_z，它是相邻刀齿的半径差，用以达到每齿都切除金属层的作用。每齿上具备前角 γ_o、后角 α_o 及后角为 0° 的刃带，相邻齿间做出容屑槽。

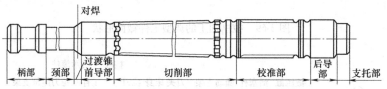

图 3-73　圆孔拉刀的结构

拉孔时，工件通常不夹持，但必须有经过半精加工的预孔，以便拉刀穿过。工件端面要求平整，并装在球面垫圈上。球面垫圈有自定位作用，可保证在拉力作用下工件的轴线与刀具的轴线能调整得一致，如图 3-74 所示。

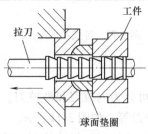

图 3-74　拉刀及工件的安装

3.4　钻、扩、铰削及镗削加工

3.4.1　孔加工概述

内孔是零件上的最常见的表面之一，零件及孔在产品中的功用、结构不同，其精度和表面质量要求的差别也相当大。按照与其他零件的相对连接关系的不同，孔可分为配合孔和与非配合孔；按其几何特征的不同，可分为通孔、不通孔、阶梯孔、锥孔等；按其几何形状不同，可分为圆孔、非圆孔等。

孔的结构和技术要求不同，在机械加工中则采用不同的加工方法，这些方法归纳起来可以分为两类：一类是在实体工件上加工孔，即从无孔开创出孔；另一类是对已有的孔进行半精加工和精加工。对于非配合孔一般采用钻头在实体工件上直接把孔钻出来；对于配合孔则需要在钻孔的基础上，根据被加工孔的精度和表面质量要求，采用铰削、镗削、磨削等方法对孔进一步精加工。铰削、镗削是对已有孔进行精加工的典型工艺方法。对于孔的精密加工，主要方法就是磨削。当孔的表面质量要求较高时，还需要采用精细镗、研磨、珩磨、滚压等表面光整加工技术；对非圆孔的加工则需采用插削、拉削以及特种加工方法。

由于孔是零件的内表面，对加工过程的观察、控制比较困难，加工难度要比外圆表面等开放型表面的加工大得多。孔加工过程的主要特点是：

1）孔加工刀具多为定尺寸刀具，如钻头、铰刀等，在加工过程中，磨损造成的刀具形状和尺寸变化直接影响被加工孔的精度。

2）由于受被加工孔尺寸的限制，切削速度很难提高，影响加工生产率和加工表面质量，尤其是对较小的孔进行精密加工时，为达到所需的速度，需要使用专门的装置，对机床的性能也提出了很高的要求。

3）刀具的结构受孔的直径和长度限制，刚性较差。加工时由于进给力的影响，容易产生弯曲变形和振动，孔的长径比（孔深度与直径之比）越大，刀具刚性对加工精度的影响就越大。

4）孔加工时，刀具一般是在半封闭的空间下工作，排屑困难；切削液难以进入切削区域，散热条件差，切削区热量集中，温度较高，影响刀具的寿命和钻孔加工质量。

所以在孔加工中，必须解决好冷却问题、排屑问题、刚性导向问题和速度问题等。

在对实体零件进行钻孔加工时，对应大小和深度不同的被加工孔，有各种结构的钻头，其中最常用的是标准麻花钻，孔系的位置精度主要由钻床夹具和钻模板保证。

对已有孔进行精加工时，铰削和镗削是代表性的精加工方法。铰削加工适用于对较小孔的精加工，但铰削加工的效率一般不高，而且不能提高位置精度。镗削加工能获得较高的精度和较小的表面粗糙度值，若用金刚镗床和坐标镗床加工，则质量可以更好。镗孔加工可以用一种刀具加工不同直径的孔。对于大直径孔和有较严格位置精度要求的孔系，镗削是主要的精加工方法。镗孔可以在车床、钻床、铣床、镗床和加工中心等不同类型的机床上进行。在镗削加工中，镗床和镗床夹具是保证加工精度的主要因素。

应该指出的是，虽然在车床上可以加工孔，但由于零件的形状、孔径的大小各有不同，车床上的孔加工受到很大的局限，所以绝大部分的孔是在钻床和镗床上加工的。

3.4.2　钻、扩、铰削加工

钻、扩、铰削都可以在钻床上实现对孔的加工，其主运动都是刀具的回转运动，进给运动是刀具的轴向移动，但所用刀具和能够达到的加工质量不同。

1. 钻床

机器零件上分布着很多大小不同的孔，其中那些数量多、直径小、精度不很高的孔，都是在钻床上加工出来的。钻床主要分为立式钻床、台式钻床、摇臂钻床、深孔钻床、数控钻床和其他钻床。

(1) 立式钻床　在立式钻床上可以完成钻孔、扩孔、铰孔、攻螺纹、锪沉头孔、锪端面等工作。加工时，工件固定不动，刀具在钻床主轴的带动下旋转做主运动，并沿轴向做进给运动，如图 3-75 所示。图 3-76 所示是 Z5125 型立式钻床外形图，其特点是主轴轴线垂直布置，位置固定。加工时通过移动工件来对正孔中心线，适用于中小型工件的孔加工。

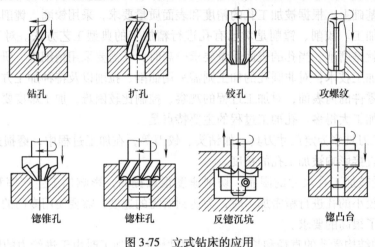

钻孔　　　　扩孔　　　　铰孔　　　　攻螺纹

锪锥孔　　　锪柱孔　　　反锪沉坑　　　锪凸台

图 3-75　立式钻床的应用

(2) 台式钻床　如图 3-77 所示为 Z4012 型台式钻床。台式钻床钻孔直径一般在 12mm 以下，最小可加工直径小于 1mm 的孔。由于加工的孔径较小，台钻的主轴转速一般较高，最高转速可达 10000r/min。主轴的转速可通过改变 V 形带在带轮上的位置来调节。

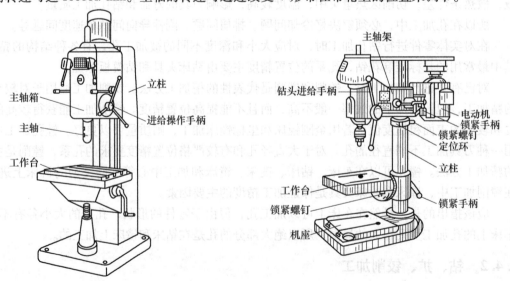

图 3-76　Z5125 型立式钻床外形图　　　　　图 3-77　Z4012 型台式钻床

台式钻床主轴的进给是手动的。台式钻床小巧灵活，使用方便，主要用于加工小型零件上的各种小孔。在仪表制造、钳工和装配中使用较多。

（3）摇臂钻床　摇臂钻床是适用于大型工件的孔加工的钻床，其结构如图 3-78 所示。主轴箱可以在摇臂上水平移动，摇臂即可以绕立柱转动，又可以沿立柱垂直升降。加工时，工件在工作台或底座上安装固定，通过调整摇臂和主轴箱的位置来对正被加工孔的中心。

由于摇臂钻床的这些特点，操作时能很方便地调整刀具的位置，以对准被加工孔的中心，不需移动工件来进行加工。因此，它适宜加工一些笨重的大型工件及多孔工件上的大、中、小孔，广泛应用于单件和成批生产中。

（4）钻削中心　如图 3-79 所示为带转塔式刀库的数控钻削中心的外形图。它可以在工件的一次装夹中实现孔系的加工，并可以通过自动换刀实现不同类型和大小的孔的加工，具有较高的加工精度和加工生产率。

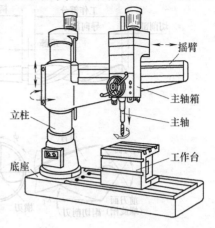

图 3-78　Z3050 型摇臂钻床

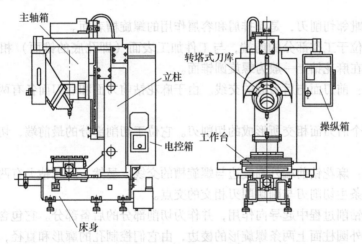

图 3-79　数控钻削中心外形图

2. 钻孔

钻孔是用钻头在实体材料上加工孔的方法。钻头有麻花钻、深孔钻、扁钻、中心钻等，其中最常用的是麻花钻。

（1）麻花钻　它是一种粗加工刀具，由工具厂大量生产，供应市场。其常备规格为 $\phi 0.1 \sim \phi 80mm$。按柄部形状分，有直柄麻花钻和锥柄麻花钻。按制造材料分，有高速钢麻花钻和硬质合金麻花钻。硬质合金麻花钻一般制成镶片焊接式，直径在 5mm 以下的硬质合金麻花钻制成整体的。

如图 3-80 所示，其中图 3-80a 所示为锥柄麻花钻结构图，图 3-80c 所示为直柄麻花钻的结构图，锥柄麻花钻由工作部分、柄部和颈部组成。

1）工作部分：麻花钻工作部分分为切削部分和导向部分。

如图 3-80b 所示，切削部分担负主要的切削工作，包括以下结构要素：

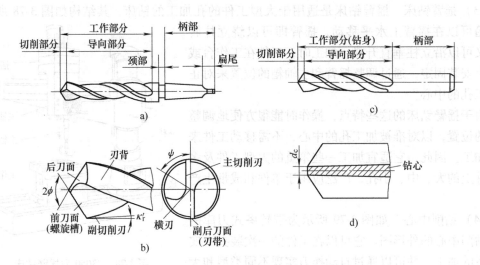

图 3-80　麻花钻组成与结构

①前刀面：毗邻切削刃，是起排屑和容屑作用的螺旋槽表面。

②后刀面：位于工作部分的前端，与工件加工表面（即孔底的锥面）相对，其形状由刃磨方法决定，在麻花钻上一般为螺旋圆锥面。

③主切削刃：前刀面与后刀面的交线。由于麻花钻前刀面和后刀面各有两个，所以主切削刃也有两条。

④横刃：两个后刀面相交所形成的切削刃。它位于切削部分的最前端，切削被加工孔的中心部分。

⑤副切削刃：麻花钻前端外圆棱边与螺旋槽的交线。显然，麻花钻上有两条副切削刃。

⑥刀尖：两条主切削刃与副切削刃相交的交点。

导向部分在钻削过程中起导向作用，并作为切削部分的后备部分。它包含刃沟、刃瓣和刃带。刃带是其外圆柱面上两条螺旋形的棱边，由它们控制孔的廓形和直径，保持钻头进给方向，为减少刃带与已加工孔孔壁之间的摩擦，一般将麻花钻从钻尖向锥柄方向做成直径逐渐减小的锥度（每 100mm 长度内直径往柄部减小 0.03 ~ 0.12mm），形成倒锥，相当于副切削刃的副偏角。钻头的实心部分叫钻心，它用来连接两个刃瓣，钻心直径沿轴线方向从钻尖向锥柄方向逐渐增大（每 100mm 长度内直径往柄部减小 1.4 ~ 2.0mm），以增强钻头强度和刚度，如图 3-80d 所示。

2）柄部：用于装夹钻头和传递动力。钻头直径小于 12mm 时，通常制成直柄（圆柱柄），见图 3-80c；直径在 12mm 以上时，做成莫式锥度的圆锥柄，见图 3-80a。

3）颈部：是柄部与工作部分的连接部分，并作为磨外径时砂轮退刀和打印标记处。小直径的钻头不做出颈部。

（2）麻花钻及工件在机床上的安装　麻花钻头按尾部形状的不同，有不同的安装方法。锥柄钻头可以直接装入机床主轴的锥孔内。当钻头的锥柄小于机床主轴锥孔时，则需使用变锥套，如图 3-81 所示，安装时将钻头向上推压，拆卸时锤击楔铁将钻头向下抽出。而直柄钻头通常要用如图 3-82 所示的钻夹头进行安装。

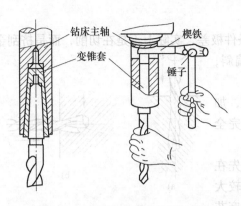

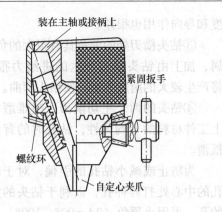

图 3-81　用变锥套安装与拆卸钻头　　　　　　　　图 3-82　钻卡头

在台式钻床和立式钻床上，工件通常采用平口钳装夹（图 3-83a），有时采用压板、螺栓装夹（图 3-83b）。对于圆柱形工件可采用 V 形块装夹（图 3-83c）。

在成批和大量生产中，钻孔广泛使用钻模夹具（图 3-83d）。将钻模装夹在工件上，钻模上装有淬硬的耐磨性很高的钻套，用以引导钻头。钻套的位置是根据要求钻孔的位置确定的，因而应用钻模钻孔时，可免去划线工作，提高生产效率和孔间距的精度，降低表面粗糙度值。

大型工件在摇臂钻床上一般不需要装夹，靠工件自重即可进行加工。

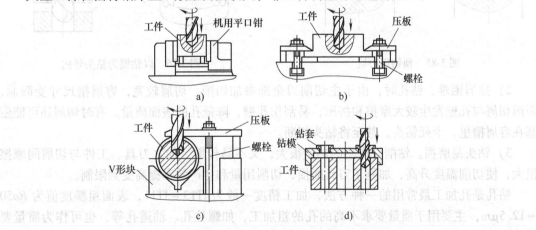

图 3-83　工件的夹持方法

（3）钻孔的工艺特点及应用　钻孔与车削外圆相比，工作条件要困难得多。钻削加工属于半封闭的切削方式，钻头工作部分处在已加工表面的包围中，因而引起一些特殊问题，如钻头的刚度和强度、容屑和排屑、导向和冷却润滑等。其特点如下：

1）容易产生"引偏"。引偏是指加工时因钻头弯曲而引起的孔径扩大、孔不圆或孔的轴线歪斜等缺陷，如图 3-84 所示。其主要原因是：

①麻花钻直径和长度受所加工孔的限制，一般呈细长状，刚性较差。为形成切削刃和容纳切屑，必须做出两条较深的螺旋槽，致使钻心变细，进一步削弱了钻头的刚性。

②为减少导向部分与已加工孔壁的摩擦，钻头仅有两条很窄的棱边与孔壁接触，接触刚

度和导向作用也很差。

③钻头横刃处的前角具有很大的负值，切削条件极差，实际上不是在切削，而是挤刮金属，加上由钻头横刃产生的进给力很大，稍有偏斜，将产生较大的附加力矩，使钻头弯曲。

④钻头的两个主切削刃，很难磨得完全对称，加上工件材料的不均匀性，钻孔时的背向力不可能完全抵消。

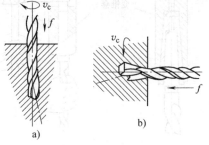

图 3-84　钻头的引偏
a）钻削时引偏　b）车削时引偏

为防止或减小钻孔的引偏，对于较小的孔，先在孔的中心处打样冲孔，以利于钻头的定心；直径较大的孔，可用小顶角（$2\phi = 90° \sim 100°$）的短而粗的麻花钻预钻一个锥形坑，然后再用所需钻头钻孔，如图 3-85 所示；大批量生产中，以钻模为钻头导向，如图 3-86 所示，这种方法对在斜面或曲面上钻孔更为必要；尽量把钻头两条主切削刃磨得对称，使径向切削力互相抵消。

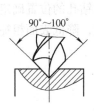 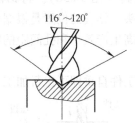 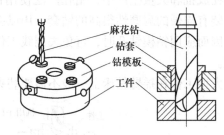

图 3-85　预钻定心坑　　　　　　　　　图 3-86　以钻模为钻头导向

2）排屑困难。钻孔时，由于主切削刃全部参加切削，切屑较宽，容屑槽尺寸受限制，因而切屑与孔壁发生较大摩擦和挤压，易刮伤孔壁，降低孔的表面质量。有时切屑还可能阻塞在容屑槽里，卡死钻头，甚至将钻头扭断。

3）钻头易磨损。钻削时产生的热量很大，又不易传散，加之刀具、工件与切屑间摩擦很大，使切削温度升高，加剧了刀具磨损，切削用量和生产效率提高受到限制。

钻孔是孔加工最常用的一种方法，加工精度一般为 IT13 ~ IT11，表面粗糙度值为 $Ra50 \sim 12.5\mu m$，主要用于质量要求不高的孔的粗加工，如螺柱孔、油道孔等，也可作为质量要求较高的孔的预加工。钻孔既可用于单件、小批量生产，也适用于大批量生产。

3. 扩孔

扩孔是用扩孔钻在工件上已经钻出、铸出或锻出孔的基础上所作的进一步加工。

（1）扩孔钻　如图 3-87 所示，扩孔钻外形与麻花钻相似，只是加工余量小，其切削刃较短，因而容屑槽浅，刀具圆周齿数比麻花钻多（一般为 3 ~ 4 个），刀体强度高、刚性好。直径为 10 ~ 32mm 的扩孔钻做成整体的，如图 3-87a 所示；直径为 25 ~ 80mm 的扩孔钻做成套装的，如图 3-87b 所示。切削部分的材料可用高速钢制造，也可镶焊硬质合金刀片。

（2）扩孔的工艺特点及应用　与钻孔相比较，其工艺特点如下：

1）扩孔时背吃刀量小，切屑窄、易排出，不易擦伤已加工表面。此外，容屑槽可做得较小较浅，从而可加粗钻心，提高扩孔钻的刚度，有利于增大切削用量和改善加工质量。

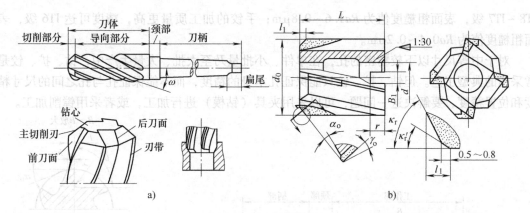

图 3-87　扩孔钻

2）切削刃不是从外圆延伸到中心，避免了横刃和由横刃所引起的不良影响。

3）因容屑槽较窄，扩孔钻上有 3~4 个刀齿，增加了扩孔时的导向作用，切削比较平稳，同时提高了生产率。

由于上述原因，扩孔的加工质量比钻孔好，属于孔的一种半精加工。一般精度可达 IT10~IT9 级，表面粗糙度值为 $Ra6.3~3.2\mu m$。扩孔可以在一定程度上校正轴线的偏斜，常作为铰孔前的预加工，当孔的精度要求不高时，扩孔也可作为孔的终加工。在成批和大量生产时应用较广。

在钻直径较大的孔时（$D \geqslant 30mm$），常先用小钻头（直径为孔径的 0.5~0.7 倍）预钻孔，然后再用原尺寸的扩孔钻扩孔，这样可以提高生产效率。

4. 铰孔

铰孔是用铰刀从孔壁上切除微量金属，以提高孔的尺寸精度和减小表面粗糙度值的加工方法。它是孔的一种精加工方法，但正确地选择加工余量对铰孔质量影响很大。余量太大，铰孔不光，尺寸公差不易保证；余量太小，不能去掉上道工序留下的刀痕，达不到要求的表面粗糙度值。一般粗铰余量为 0.25~0.035mm，精铰为 0.15~0.05mm。

（1）铰刀　铰刀种类很多，根据使用方式不同可分为手用铰刀和机用铰刀；根据用途不同可分为圆柱孔铰刀和圆锥孔铰刀；按刀具结构进行分类，可分为整体式、套装式和镶片铰刀等。

如图 3-88 所示为铰刀的典型结构，铰刀由柄部、颈部和工作部组成。工作部包括导锥、切削部分和校准部分。切削部分担任主要的切削工作，校准部分起导向、校准和修光作用。为减小校准部分刀齿与已加工孔壁的摩擦，并防止孔径扩大，校准部分的后端为倒锥形状。

（2）铰刀的工艺特点及应用　铰孔的切削条件和铰刀的结构比扩孔更为优越，有如下工艺特点：

1）刚性和导向性好。铰刀的切削刃多（6~12 个），排屑槽很浅，刀心截面很大，并且铰刀有导向部分，故其刚性和导向性比扩孔钻更好。

2）铰刀具有修光部分，其作用是校准孔径、修光孔壁，从而进一步提高了孔的加工质量。

3）铰孔的加工余量小，切削力较小，所产生的热较少，工件的受力变形较小；并且铰孔切削速度低，可避免积屑瘤的不利影响，因此，使得铰孔质量较高。

铰孔适用于加工精度要求较高，直径不大而又未淬火的孔。机铰的加工精度一般可达

IT8 ~ IT7 级，表面粗糙度值为 $Ra1.6 \sim 0.8 \mu m$；手铰的加工质量更高，精度可达 IT6 级，表面粗糙度值为 $Ra0.4 \sim 0.2 \mu m$。

对于中等尺寸以下较精密的孔，在单件、小批量乃至大批、大量生产中，钻、扩、铰是常采用的典型工艺。但钻、扩、铰只能保证孔本身的精度，而不能保证孔与孔之间的尺寸精度和位置精度，要解决这一问题，可以采用夹具（钻模）进行加工，或者采用镗削加工。

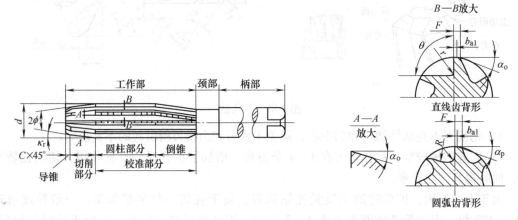

图 3-88　铰刀的结构组成

3.4.3　镗削加工

镗削加工可以在镗床、车床及钻床上进行。卧式镗床用于箱体、机架类零件上的孔或孔系的加工；钻床或铣床用于单件小批生产；车床用于回转体零件上轴线与回转体轴线重合的孔的加工。下面主要叙述在镗床上用镗刀进行的孔加工。

1. 镗床

镗床主要用于镗孔，也可以进行钻孔、铣平面和车削等加工。镗床分为卧式镗床、坐标镗床以及金刚镗床等，其中卧式镗床应用最广泛。镗床工作时，刀具旋转为主运动，进给运动则根据机床类型不同，可由刀具或工件来实现。

（1）卧式镗床　卧式镗床的外形如图 3-89 所示。在床身右端前立柱的侧面导轨上，安装着主轴箱和导轨，它们可沿立柱导轨面做上下进给运动或调整运动。主轴箱中装有主运动和进给运动的变速和操纵机构。镗轴前端有精密莫氏锥孔，用于安装刀具或刀杆。平旋盘上铣有径向 T 形槽，供安装刀夹或刀盘。在平旋盘端面的燕尾形导轨槽中装有一径向刀架，车刀杆座装在径向刀架上，并随刀在燕尾导轨槽中做径向进给运动。后立柱可沿床身导轨移动，装在后立柱上的支架支撑悬伸较长的镗杆，以增加其刚度，工件安装在工作台上，工作台下面装有下滑座和上滑座，下滑座可在床身水平导轨上做纵向移动。另外，工作台还可以在上滑座的环行导轨上绕垂直轴转动，再利用主轴箱上、下位置调节，可在工件一次安装中，对工件上互相平行或成某一角度的平面或孔进行加工。

卧式镗床具有下列运动：

1）主运动：包括镗轴的旋转运动和平旋盘的旋转运动，而且二者是独立的，分别由不同的传动机构驱动。

2）进给运动：卧式镗床的进给运动包括：镗轴的进给运动，主轴箱的垂直进给运动，工作台的纵、横向进给运动，平旋盘上的径向刀架的径向进给运动。

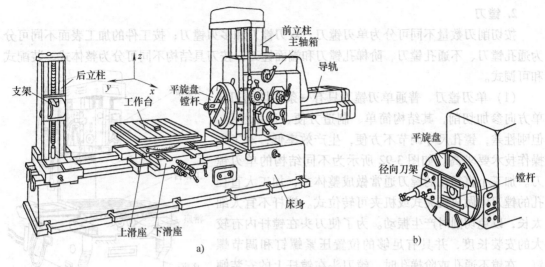

图 3-89　卧式镗床外形图

　　3）辅助运动：包括主轴、主轴箱及工作台在进给方向上的快速调位运动、后立柱的纵向调位运动、后支架的垂直调位运动、工作台的转位运动。这些辅助运动可以手动，也可以由快速电动机传动。

　　卧式镗床的主要加工方法如图 3-90 所示。

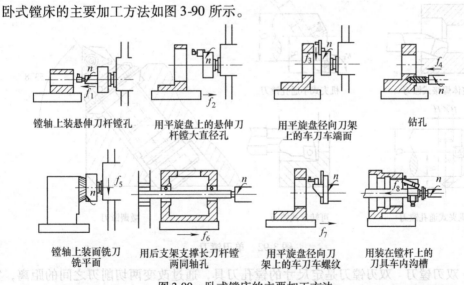

图 3-90　卧式镗床的主要加工方法

　　（2）坐标镗床　坐标镗床是一种高精密机床，主要用于镗削高精度的孔，特别适于加工相互位置精度很高的孔系，如钻模、镗模等的孔系。加工孔时，由机床上具有坐标位置的精密测量装置按直角坐标来精密定位，所以称为坐标镗床。坐标镗床还可用于钻孔、扩孔、铰孔以及进行较轻的精铣工作。此外，还可以进行精密刻度、样板划线、孔距及直线尺寸的测量等工作。

　　坐标镗床有立式和卧式的。立式坐标镗床适宜于加工轴线与安装基面垂直的孔系和铣削顶面；卧式坐标镗床适宜于加工轴线与安装基面平行的孔系和铣削侧面。立式坐标镗床还有单柱、双柱之分，如图 3-91 所示为立式单柱坐标镗床外形图。

2. 镗刀

按切削刃数量不同可分为单刃镗刀、双刃镗刀和多刃镗刀；按工件的加工表面不同可分为通孔镗刀、不通孔镗刀、阶梯孔镗刀和端面镗刀；按刀具结构不同可分为整体式、装配式和可调式。

（1）单刃镗刀　普通单刃镗刀只有一条主切削刃在单方向参加切削，其结构简单、制造方便、通用性强，但刚性差，镗孔尺寸调节不方便，生产效率低，对工人操作技术要求高。如图 3-92 所示为不同结构的单刃镗刀。加工小直径孔的镗刀通常做成整体式，加工大直径孔的镗刀可做成机夹式或机夹可转位式。镗杆不宜太细太长，以免切削时产生振动。为了使刀头在镗杆内有较大的安装长度，并具有足够的位置压紧螺钉和调节螺钉，在镗不通孔或阶梯孔时，镗刀头在镗杆上的安装倾斜角 δ 一般取 $10° \sim 45°$，镗通孔时取 $\delta = 0°$，以便于镗杆的制造。通常压紧螺钉从镗杆端面或顶面来压紧镗刀

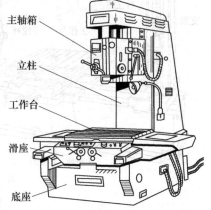

图 3-91　立式单柱坐标镗床

头。新型的微调镗刀调节方便，调节精度高，适用于坐标镗床、自动线和数控机床上使用。

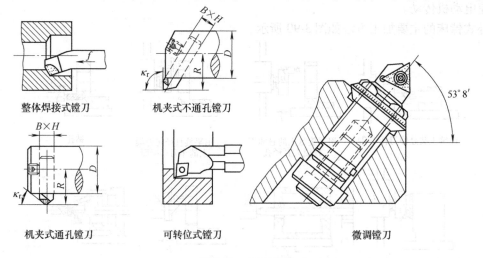

整体焊接式镗刀　　机夹式不通孔镗刀

机夹式通孔镗刀　　可转位式镗刀　　微调镗刀

图 3-92　单刃镗刀

（2）双刃镗刀　双刃镗刀是定尺寸的镗孔刀具，通过改变两切削刃之间的距离，实现对不同直径孔的加工。常用的双刃镗刀有固定式镗刀、可调式镗刀和浮动镗刀 3 种。

1）固定式镗刀。如图 3-93 所示，工作时，镗刀块可以通过斜楔或者在两个方面倾斜的螺钉等夹紧在镗杆上。镗刀块相对于轴线的位置误差会造成孔径的误差，所以，镗刀块与镗杆上方孔的配合要求较高，刀块安装方孔对轴线的垂直度与对称度误差不大于 0.01mm。固定式镗刀块用于粗镗或半精镗直径大于

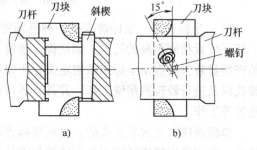

图 3-93　固定式双刃镗刀

40mm 的孔。

2）可调式双刃镗刀。采用一定的机械结构可以调整两刀片之间的距离，从而使一把刀具可以加工不同直径的孔，并可以补偿刀具磨损的影响。

3）浮动镗刀。其特点是镗刀块自由地装入镗杆的方孔中，不需夹紧，通过作用在两个切削刃上的切削力来自动平衡其切削位置，因此它能自动补偿由刀具安装的误差、机床主轴偏差而造成的加工误差，能获得较高的孔的直径尺寸精度（IT7 ~ IT6），但它无法纠正孔的直线度误差和位置误差，因而要求预加工孔的直线性好，表面粗糙度值不大于 $Ra3.2\mu m$。

3. 镗孔的工艺特点及应用

（1）镗孔的工艺特点

1）镗削可以加工机座、箱体、支架等外形复杂的大型零件上的直径较大的孔，如通孔、不通孔、阶梯孔等，特别是有位置精度要求的孔和孔系。因为镗床的运动形式较多，工件安装在工作台上，可方便准确地调整被加工孔与刀具的相对位置，通过一次装夹就能实现多个表面的加工，能保证被加工孔与其他表面间的相互位置精度。

2）在镗床上利用镗模能校正原有孔的轴线歪斜与位置误差。

3）刀具结构简单，且径向尺寸大都可以调节，用一把刀具就可加工直径不同的孔，在一次安装中，既可进行粗加工，又可进行半精加工和精加工。

4）镗削加工操作技术要求高，生产率低。要保证工件的尺寸精度和表面粗糙度，除取决于所用的设备外，更主要的是与工人的技术水平有关，同时机床、刀具调整时间也较多。镗削加工时参加工作的切削刃少，所以一般情况下，镗削加工生产效率较低。使用镗模可提高生产率，但成本增加，一般用于大量生产。

（2）镗孔的应用　如上所述，镗孔适合于单件小批生产中对复杂的大型工件上的孔系进行加工。这些孔除了有较高的尺寸精度要求外，还有较高的相对位置精度要求。镗孔尺寸公差等级一般可达 IT9 ~ IT7，表面粗糙度值可达 $Ra1.6 ~ 0.8\mu m$。此外，对于直径较大的孔（直径大于 80 mm）、内成形表面、孔内环槽等，镗孔是唯一适合的加工方法。

3.5　齿形加工

齿轮是机械传动中的重要零件，主要由轮体和齿圈两部分组成。齿轮轮体形状有内外圆柱、圆锥等类型。齿圈部分的齿形又有渐开线齿形、圆弧齿形、摆线齿形等。轮体部分加工与同形状工件加工方法一致。下面以应用最为广泛的渐开线圆柱齿轮为主，介绍齿形的加工。

3.5.1　齿形加工方法概述

1. 齿轮常用材料及其力学性能

齿轮的轮齿在传动过程中要传递力矩且承受弯曲、冲击等载荷。通过一段时间的使用，轮齿还会发生齿面磨损、齿面点蚀、表面咬合和齿面塑性变形等情况而造成精度丧失，产生振动和噪声等。齿轮的工作条件不同，轮齿的破坏形式也不同。选取齿轮材料时，除考虑齿轮工作条件外，还应考虑齿轮的结构形状、生产数量、制造成本和材料货源等因素。一般应满足下列几个基本要求：

1）轮齿表面层要有足够的硬度和耐磨性。

2）对于承受交变载荷和冲击载荷的齿轮，基体要有足够的抗弯强度与韧性。

3）要有良好的工艺性，即要易于切削加工和热处理性能好。

齿轮的常用材料及其力学性能见表 3-1。

表 3-1　齿轮的常用材料及其力学性能

| 材料 | 牌号 | 热处理 | 力学性能 | | | | 极限循环次数 N_0 |
			硬度	强度极限 σ_b/MPa	屈服极限 σ_s/MPa	疲劳极限 σ^{-1}/MPa	
优质碳素钢	35	正火	150~180HBW	500	320	240	10
		调质	190~230HBW	650	350	270	
	45	正火	170~200HBW	610~700	360	260~300	
		调质	220~250HBW	750~900	450	320~360	
		整体淬火	40~45HRC	1000	750	430~450	$(3~4)\times10^7$
		表面淬火	45~50HRC	750	450	320~360	$(6~8)\times10^7$
合金钢	35SiMn	调质	200~260HBW	750	500	380	10^7
	40Cr	调质	250~280HBW	900~1000	800	450~500	
	42SiMn	整体淬火	45~50HRC	1400~1600	1000~1100	550~650	$(4~6)\times10^7$
	40MnB	表面淬火	50~55HRC	1000	850	500	$(6~8)\times10^7$
	20Cr 20SiMn 20MnB	渗碳淬火	56~62HRC	800	650	420	$(9~15)\times10^7$
	18CrMnTi 20MnVB	渗碳淬火	56~62HRC	1150	950	550	$(9~15)\times10^7$
	12NiCr	渗碳淬火	56~62HRC	950		500~550	
铸钢	ZG 270-500	正火	140~176HBW	500	300	230	10^7
	ZG 310-570		160~210HBW	550	320	240	
	ZG 340-640		180~210HBW	600	350	260	
铸铁	HT200		170~230HBW	200		100~120	
	HT300		190~250HBW	300		130~150	
	QT400	正火	156~200HBW	400	300	200~220	
	QT600		200~270HBW	600	420	240~260	
塑料	Me 尼龙		20HBW	90	60		
	夹布胶木		30~40HRC	85~100			

2. 齿形获得方法

齿形的获得方法按是否去除材料可以分为无切割加工和切削加工两类。

（1）无屑加工　齿形的无屑加工有铸造、粉末冶金、精密锻造、热轧、冷挤、注塑等。无屑加工获得齿形的方法具有生产率高、材料消耗小和成本低等优点。其中铸造齿轮的精度较低，常用于农机和矿山机械。近年来，随着铸造技术的发展，铸造精度提高很大，某些铸造齿轮已经可以直接用于具有一定传动精度要求的机械中；冷挤法只适用于小模数齿轮的加工，但精度较高；近十年来，齿轮精密锻造技术有了较快的发展。对于工程塑料可满足性能的齿轮，注塑加工是成形的较好方法。齿形的无屑加工是齿面加工的重要发展方向。

（2）切削加工　对于传动精度要求较高的齿轮，目前主要是采用去除材料的方法。齿轮精度要求较高时，通常要经过切削和磨削加工来获得。根据所用的加工装备和原理不同，齿轮的切削加工有铣齿、滚齿、插齿、刨齿、磨齿、剃齿、珩齿等多种方法。

3. 齿形加工原理

按齿轮齿廓的成形原理不同，切削加工方法可分为成形法和展成法两种，其加工精度及适用范围见表 3-2。

表 3-2　齿形加工方法、加工精度及适用范围

加工方法		刀具	机床	加工精度及适用范围
仿形法	成形铣	盘形铣刀	铣床	加工精度和生产率都较低
		指形铣刀	滚齿机或铣床	同上，是大型无槽人字齿轮的主要加工方法
	拉齿	齿轮拉刀	拉床	加工精度和生产率较高，拉刀专用，适用于大批生产，尤其是内齿轮加工更是适宜
展成法	滚齿	齿轮滚刀	滚齿机	加工精度为 IT6 ~ IT10，表面粗糙度值为 $Ra6.3 ~ 3.2\mu m$，常用于加工直齿轮、斜齿轮及蜗轮
	插齿和刨齿	插齿刀刨齿刀	插齿机刨齿机	加工精度为 IT7 ~ IT9，表面粗糙度值为 $Ra6.3 ~ 3.2\mu m$，适用于加工内外啮合的圆柱齿轮、双联齿轮、三联齿轮、齿条和锥齿轮等
	剃齿	剃齿刀	剃齿机	加工精度为 IT6 ~ IT7。常用于滚齿、插齿后，淬火前的精加工
	珩齿	珩磨轮	珩齿机剃齿机	加工精度为 IT6 ~ IT7。常用于剃齿后或高频淬火后的齿形精加工
	磨齿	砂轮	磨齿机	加工精度为 IT3 ~ IT6，表面粗糙度值为 $Ra1.6 ~ 0.8\mu m$，常用于齿轮淬火后的精加工

（1）成形法

1）加工原理：成形法是利用与被加工齿轮齿槽法面截形相一致的刀具，在齿坯上加工出齿形。用成形法加工齿轮的方法有铣削、拉削、插削及磨削等，其中最常用的方法是在普通铣床上用成形铣刀铣削齿形。如图 3-94 所示，铣削时工件安装在分度头上，铣刀对工件进行切削加工，工作台带动工件做直线进给运动，加工完一个齿槽后将工件分度转过一个齿，再加工另一个齿槽，依次加工出所有齿形。铣削斜齿圆柱齿轮在万能铣床上进行，铣削时工作台偏转一个齿轮的螺旋角 β，工件在随工作台进给的同时，由分度头带动做附加转动，形成螺旋线运动。

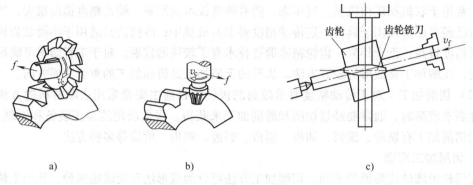

图 3-94　圆柱齿轮的成形铣削

a) 盘形齿轮铣刀铣削　b) 指形齿轮铣刀铣削　c) 斜齿圆柱齿轮铣削

　　成形法铣齿的优点是可以在普通铣床上加工，但由于刀具存在近似误差和机床在分齿过程中的转角误差影响，加工精度一般较低，为 IT9 ~ IT12，表面粗糙度值为 $Ra6.3 ~ 3.2\mu m$，生产效率不高，一般用于单件小批量生产加工直齿、斜齿和人字齿圆柱齿轮，或用于重型机器制造业加工大型齿轮。

　　2）齿轮铣刀：成形法铣削齿轮所用的刀具有盘形齿轮铣刀和指形铣刀，前者适于加工小模数（$m < 8mm$）的直齿、斜齿圆柱齿轮，后者适于加工大模数（$m = 8 ~ 40mm$）的直齿、斜齿齿轮，特别是人字齿轮。采用成形法加工齿轮时，齿轮的齿廓形状精度由齿轮铣刀切削刃的形状来保证，因而刀具的刃形必须符合齿轮的齿形。标准渐开线齿轮的齿廓形状是由该齿轮的模数和齿数决定的。要加工出准确的齿形，就必须要求同一模数的每一种齿数都要有一把相应齿形的刀具，这将导致刀具数量非常庞大。为减少刀具的数量，同一模数的齿轮铣刀按其所加工的齿数通常分为 8 组（精确的是 15 组），只要模数相同，同一组内不同齿数的齿轮都用同一铣刀加工，盘形铣刀刀号见表 3-3。例如被加工的齿轮模数是 3，齿数是 45，则应选用 $m = 3$ 系列中的 6 号铣刀。

表 3-3　盘形铣刀刀号

刀号	1	2	3	4	5	6	7	8
加工轮齿范围	12 ~ 13	14 ~ 16	17 ~ 20	21 ~ 25	26 ~ 34	35 ~ 54	55 ~ 134	>135

　　每种刀号齿轮铣刀的刀齿形状均按加工齿数范围中最少齿数的齿形设计。所以，在加工该范围内其他齿数的齿轮时，会产生一定的齿形误差。

　　当加工斜齿圆柱齿轮且精度要求不高时，可以借用加工直齿圆柱齿轮的铣刀，但此时铣刀的号数应按照法向截面内的当量齿数 z_d 来选择。斜齿圆柱齿轮的当量齿数 z_d 可按下式求出：

$$z_d = z / \cos^3 \beta \tag{7-1}$$

式中　z——斜齿圆柱齿轮的齿数；

　　　β——斜齿圆柱齿轮的螺旋角。

　　（2）展成法　展成法是利用一对齿轮啮合的原理进行加工的。刀具相当于一把与被加工齿轮具有相同模数的特殊齿形的齿轮。加工时刀具与工件按照一对齿轮（或齿轮与齿条）的啮合传动关系（展成运动）做相对运动。在运动过程中，刀具齿形的运动轨迹逐步包络出工件的齿形（如图 3-95b 所示）。同一模数的铣刀可以在不同的展成运动关系下，加工出不同的工件齿形，所以用一把刀具就可以切出同一模数而齿数不同的各种齿轮。刀具的齿形可以和工件齿形不同，所以可以使用直线齿廓的齿条式工具来制造渐开线齿轮刀具，例如用修整的非常精确的直线齿廓的砂轮来刃磨渐开线齿廓的插齿刀。这为提高齿轮刀具的制造精度和高精度齿轮的加工提供了有利条件。展成法加工时能连续分度，具有较高的加工精度和生产率，是目前齿轮加工的主要方法，滚齿、插齿、剃齿、磨齿等都属于展成法加工。

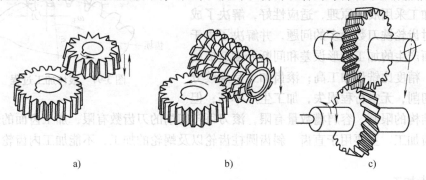

a)   b)   c)

图 3-95 展成法加工原理

a) 插齿加工 b) 滚齿加工 c) 剃齿加工

3.5.2 滚齿加工

1. 滚齿加工原理

滚齿加工过程实质上是一对交错轴螺旋齿轮的啮合传动过程。如图 3-96 所示，其中一个斜齿圆柱齿轮直径较小，齿数较少（通常只有一个），螺旋角很大（近似 90°），牙齿很长，因而变成为一个蜗杆（称为滚刀的基本蜗杆）状齿轮。该齿轮经过开容屑槽、磨前后刀面做出切削刃，就形成了滚齿用的刀具，称为齿轮滚刀。用该刀具与被加工齿轮按啮合传动关系做相对运动，就实现了齿轮滚齿加工。

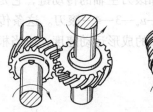  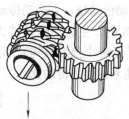

图 3-96 滚齿加工原理

滚齿加工过程如图 3-97 所示。当滚刀旋转时，在其螺旋线的法向剖面内的刀齿，相当于一个齿条做连续运动。根据啮合原理，其移动速度与被切齿轮在啮合点的线速度相等，即被切齿轮的分度圆与该齿条的节线做纯滚动。由此可知，滚齿时，滚刀的转速与齿坯的转速必须严格符合如下关系：

$$n_刀/n_工 = z_工/K \qquad (7\text{-}2)$$

式中 $n_刀$、$n_工$——滚刀和工件的转速（r/min）；

          $z_工$——工件的齿数；

          K——滚刀的头数。

　　显然，在滚齿加工时，滚刀的旋转与工件的旋转运动之间是一个具有严格传动关系要求的内联系传动链。这一传动链是形成渐开线齿形的传动链，称为展成运动传动链。其中滚刀的旋转运动是滚齿加工的主运动。工件的旋转运动是圆周进给运动。除此之外，还有切出全齿高所需的径向进给运动和切出全齿长所需的垂直进给运动。

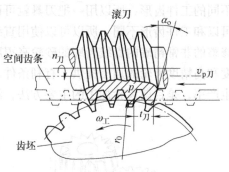

图 3-97　滚齿加工过程

　　滚齿加工采用展成原理，适应性好，解决了成形法铣齿时齿轮铣刀数量多的问题，并解决了由于刀号分组而产生的加工齿形误差和间断分度造成的齿距误差，精度比铣齿加工高；滚齿加工是连续分度，连续切削，无空行程损失，加工生产率高；但由于滚刀结构的限制，容屑槽数量有限，滚刀每转切削的刀齿数有限，加工齿面的表面粗糙度大于插齿加工。主要用于直齿、斜齿圆柱齿轮以及蜗轮的加工，不能加工内齿轮和多联齿轮。

2. 滚齿加工

　　(1) 直齿圆柱齿轮加工　由滚齿原理可知，滚切直齿圆柱齿轮时所需的加工运动包括形成渐开线的复合展成运动、形成全齿长所需的垂直进给运动和切出全齿深所需的径向进给运动。如图3-98 所示，展成运动由滚刀的旋转运动 B_{11} 和工件的旋转运动 B_{12} 组成；垂直进给运动是由机床带动滚刀沿工件轴向的运动 A_2；径向进给运动是工作台带动工件沿工件径向的运动 C_3。

　　1) 展成运动传动链：联系滚刀主轴旋转和工作台旋转的传动链（刀具—4—5—u_x—6—7—工作台）为展成运动传动链，由它保证工件和刀具之间严格的运动关系，其中换置机构 u_x 用来适应工件齿数和滚刀线数的变化。这是一条内联系传动链，它不仅要求传动比准确，而且要求滚刀和工件二者旋转方向必须符合一对交错轴螺旋齿轮啮合时的相对运动方向。当滚刀旋转方向一定时，工件的旋转方向由滚刀的螺旋方向确定。

　　2) 主运动传动链：主运动传动链是联系动力源和滚刀主轴的传动链，它是外联系传动链。在图 3-98 中，主运动传动链为：电动机—1—2—u_v—3—4—滚刀。这条传动链产生切削运动，其传动链中换置机构 u_v 用于调整渐开线齿廓的成形运动速度，应当根据工艺条件确定滚刀转速来调整其传动比。

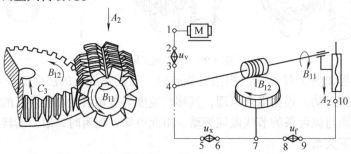

图 3-98　滚切直齿圆柱齿轮的传动原理图

　　3) 垂直进给运动传动链：为了使刀架得到该运动，用垂直进给传动链（7—8—u_f—9—10）将工作台和刀架联系起来。传动链中的换置机构 u_f 用于调整垂直进给量的大小和进给方向，以适应不同加工表面粗糙度的要求。由于刀架的垂直进给运动是简单运动，所以这条传动链是外联系传动链。通常以工作台（工件）每转一转刀架的位移量来表示垂直进给量的大小。

（2）斜齿圆柱齿轮加工　滚切斜齿圆柱齿轮需要两个成形运动，即形成渐开线齿廓的展成运动和形成齿长螺旋线的运动。除形成渐开线需要复合展成运动外，螺旋线的实现也需要一个复合运动，因此，滚刀沿工件轴线移动（垂直进给）与工作台的旋转运动之间也必须建立一条内联系传动链，要求工件在展成运动 B_{12} 的基础上再产生一个附加运动 B_{22}，以形成螺旋齿形线。如图 3-99b 所示为滚切斜齿圆柱齿轮的传动原理图，其中展成运动传动链、垂直进给运动传动链、主运动传动链与直齿圆柱齿轮的传动原理相同，只是在刀架与工件之间增加了一条附加运动传动链（刀架—12—13—u_y—14—15—合成机构—6—7—u_x—8—9—工作台），以保证形成螺旋齿形线，其中换置机构 u_y 用于适应工件螺旋线导程 P 和螺旋方向的变化，图 3-99a 形象地说明了这个问题，设工件的螺旋线为右旋，当滚刀沿工件轴向由 a 点进给到 b 点，这时工件除了做展成运动 B_{12} 以外，还要再附加转动 $b'b$，才能形成螺旋齿形线。同理，当滚刀移动至 c 点时，工件应附加转动 $c'c$。依次类推，当滚刀移动至 p 点（经过了一个工件螺旋线导程 P）时，工件附加转动为 $p'p$，正好转一转。附加运动 B_{22} 的旋转方向与工件展成运动 B_{12} 旋转方向是否相同，取决于工件的螺旋方向及滚刀的进给方向。如果 B_{12} 和 B_{22} 同向，计算时附加运动取 $+1$ 转，反之取 -1 转。在滚切斜齿圆柱齿轮时，要保证 B_{12} 和 B_{22} 这两个旋转运动同时传给工件又不发生干涉，需要在传动系统中配置运动合成机构，将这两个运动合成之后，再传给工件。工件的实际旋转运动是由展成运动 B_{12} 和形成螺旋线的附加运动 B_{22} 合成的。

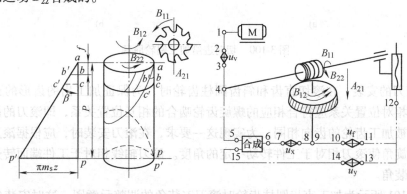

图 3-99　滚切斜齿轮圆柱齿轮的传动原理图

（3）蜗轮加工　用蜗轮滚刀加工蜗轮的原理是模拟蜗杆与蜗轮的啮合传动过程。加工蜗轮所用的滚刀与该蜗轮实际工作时的蜗杆完全相同，只是在上面做出了切削刃，这些切削刃位于原蜗杆的齿廓螺旋线上。加工时，蜗轮滚刀与被加工蜗轮的相对位置、传动比也与原蜗杆与蜗轮的啮合位置和传动比相同。所以，蜗轮滚刀是一种专用刀具，每加工一种蜗轮就要设计一种专用滚刀。

加工蜗轮时，展成运动和主运动与加工直齿圆柱齿轮时相同。由于在蜗轮的轴平面内蜗轮齿底部是圆弧形，滚刀轴线就在圆弧中心，所以不需要垂直进给运动。为切出全齿深，滚刀相对于蜗轮的切入运动可以有两种方式，一种是径向进给，另一种是切向进给。径向进给方式与加工直齿圆柱齿轮相同，不再赘述。这里只介绍切向进给的传动原理。

切向进给方式如图 3-100 所示。这时，为保证滚刀与蜗轮的啮合传动关系不变，必须在滚刀切向进给的同时，给蜗轮附加一个转动，保证在蜗轮的中间平面内蜗轮与蜗杆保持纯滚动的关系，因此，滚刀的轴向进给 A_{21} 与工作台的附加圆周进给 B_{22} 之间就构成了一条内联系传动链，即滚刀在切向刀架的带动下沿滚刀轴线做切向进给，这一运动通过换置机构 u_t 使工件产生一个附加转动。展成运动的圆周进给 B_{12} 与附加圆周进给 B_{22} 通过合成机构合成后驱动工作台旋转。

采用切向进给时，蜗轮齿面有更多的包络切线，加工表面表面粗糙度值小。对大螺纹升角的蜗轮，应尽可能采用切向进给，但切向进给时，需要机床有切向进给刀架。

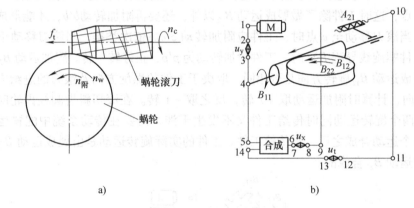

a)　　　　　　　　　　　　b)

图 3-100　切向进给加工蜗轮原理

（4）滚刀的安装　在滚切直齿和斜齿圆柱齿轮时，为保证加工出的齿形的正确性，滚刀与工件的相对位置关系应符合相应的螺旋齿轮啮合的相互位置关系，即滚刀的齿形螺旋线的方向应与被加工齿轮的齿向相同。为实现这一要求，在滚刀安装时，应根据滚刀的螺旋角和工件的螺旋角使滚刀相对于工件转动一定的角度。滚刀轴线相对于工件端面转过的角度称为滚刀的安装角。

如图 3-101 所示为加工直齿圆柱齿轮时滚刀安装角的调整示意图。这时安装角等于滚刀的螺纹升角。滚刀的旋向不同，转角的方向也不同。

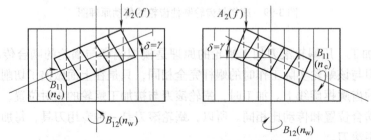

图 3-101　加工直齿圆柱齿轮时滚刀安装角的调整示意图

如图 3-102 所示为加工斜齿圆柱齿轮时滚刀安装角的调整示意图。这时安装角由滚刀螺纹升角和工件螺旋角决定。当二者旋向相同时，安装角等于工件螺旋角与滚刀螺纹升角之差；反之为二者之和。

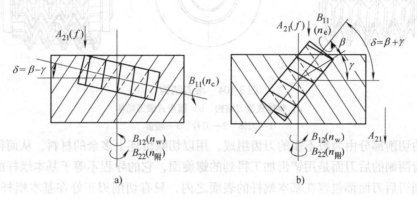

图 3-102　加工斜齿圆柱齿轮时滚刀安装角的调整示意图

3. 齿轮滚刀

（1）滚刀基本蜗杆　齿轮滚刀是滚齿加工的刀具，它相当于一个螺旋角很大的斜齿圆柱齿轮。由于它的轮齿很长，可以绕轴几圈，因而成为蜗杆形状，如图 3-103 所示。为了使这个"蜗杆"能起到切削作用，需在这个蜗杆沿其长度方向开出若干个容屑槽，以形成切削刃和前、后刀面。蜗杆的轮齿被分成了许多较短的刀齿，并产生了前刀面 2 和切削刃 5，每个刀齿有一个顶刃和两个侧刃。为了使切削刃有后角，还要用铲齿的方法铲出顶刃后刀面 3 和侧刃后刀面 4。但是滚刀的切削刃仍需位于这个相当于斜齿圆柱齿轮的蜗杆螺旋面 1 上，这个蜗杆就称为齿轮滚刀的基本蜗杆。根据基本蜗杆螺旋面的旋向不同，有右旋滚刀和左旋滚刀。

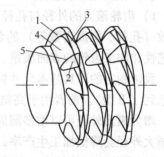

基本蜗杆有渐开线蜗杆和阿基米德蜗杆两种。螺旋面是渐开线螺旋面的蜗杆称为渐开线蜗杆，渐开线蜗杆滚刀

图 3-103　滚刀基本蜗杆

理论上可以加工出完全正确的渐开线齿轮，但渐开线蜗杆滚刀制造困难，在生产中很少使用。阿基米德蜗杆与渐开线蜗杆非常近似，只是它的轴向截面是直线，这种蜗杆滚刀便于制造、刃磨、测量，已得到广泛的应用。

（2）滚刀基本结构　滚刀结构分为整体式、镶齿式等类型，如图 3-104 所示。

目前中小模数滚刀都做成整体结构。大模数滚刀，为了节省材料和便于热处理，一般做成镶齿式结构。

切削齿轮时，滚刀装在滚齿机的心轴上，以内孔定位，并以螺母压紧滚刀的两端面。在制造滚刀时，应保证滚刀的两端面与滚刀轴线相垂直。滚刀孔径有平行于轴线的键槽，工作时用键传递力矩。

滚刀在滚齿机心轴上安装是否正确，是利用滚刀两端轴台的径向圆跳动来检验的，所以滚刀制造时应保证两轴台与基本蜗杆同轴。

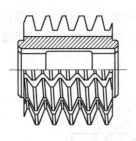
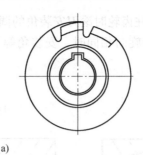
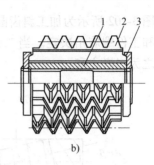

a)　　　　　　　　　　　　　　　　b)

图 3-104　滚刀结构

a) 整体式滚刀结构　b) 镶齿式滚刀结构

1—刀体　2—刀片　3—端盖

滚刀的切削部分由为数不多的刀齿组成，用以切除齿坯上多余的材料，从而得到要求的齿形。刀齿两侧的后刀面是用铲齿加工得到的螺旋面，它的导程不等于基本蜗杆的导程，这使得两个侧刃后刀面都包容在基本蜗杆的表面之内，只有切削刃正好在基本蜗杆的表面上，这样既能使刀齿具有正确的刃形，又能使刀齿获得必需的侧后角。同样，滚刀刀齿的顶刃后刀面也要经过铲背加工，以得到顶刃后角。

滚刀沿轴向开有容屑槽，槽的一个侧面就是滚刀的前刀面，此面在滚刀端剖面中的截线是直线。如果此直线通过滚刀轴线，那么刀齿的顶刃前角为 0°，这种滚刀称为零前角滚刀；当顶刃前角大于 0°时，称为正前角滚刀。

（3）滚刀的几何参数

1）齿轮滚刀的外径与孔径：滚刀外径是一个很重要的结构尺寸，它直接影响其他结构参数（孔径、圆周齿数等）的合理性、切削过程的平稳性、滚刀精度和寿命、滚刀的制造工艺性和加工齿轮的表面质量。滚刀的孔径要根据外径和使用情况而定。

我国制定的刀具基本尺寸标准，将滚刀分为两大系列，即大外径系列（Ⅰ型）和小外径系列（Ⅱ型）。前者用于高精度滚刀，后者用于普通精度滚刀。

增大滚刀外径可以增多圆周齿数，减少齿面包络误差，减小刀齿负荷，提高加工精度。但增大外径会降低加工生产率，加大刀具材料的浪费。

2）齿轮滚刀的长度：齿轮滚刀的最小长度应满足两个要求：①能完整地包络出齿轮的齿廓；②滚刀两端边缘的刀齿不应负荷过重。

由以上两个要求条件可以定出滚刀的最小长度，同时还应考虑下列因素对长度值进行修正：①由于滚刀的刀齿是按螺旋线分布的，在滚刀两端靠近边缘的几个刀齿是不完整的刀齿，为了使它们不参加切削，应加长滚刀；②为使滚刀磨损均匀，在使用中进行轴向窜刀，应考虑轴向窜刀所必须的长度增加量；③轴台的长度是检验滚刀安装是否正确的基准，通常不小于 4~5mm。

3）齿轮滚刀的头数：滚刀的头数对滚齿生产率和加工精度都有重要影响。采用多头滚刀时，由于参与切削的齿数增加，其生产效率比单头滚刀高。但由于多头滚刀螺纹升角大，设计制造误差增加，铲磨时很难保证精度，加之多头滚刀各螺纹之间存在分度误差，所以多头滚刀的加工精度较低，一般适用于粗加工。近年来，刀具制造精度的提高及滚齿机刚度的提高，为多头滚刀的使用创造了良好的条件，使一些多头滚刀不仅可以用于粗加工，也广泛应用于半精加工。

4）齿轮滚刀的圆周齿数：齿轮滚刀的圆周齿数影响切削过程的平稳性、加工表面的质量和滚刀的使用寿命。圆周齿数增加时，可使每一个刀齿的负荷减少，使切削过程平稳，有利于提高滚刀的寿命。参加包络齿轮齿廓的切削刃数也增多，被切齿面的加工质量高。但随着圆周齿数的增多，将使齿背的宽度减少，减少了滚刀的可刃磨次数，使滚刀的寿命缩短。通常，对于大直径（Ⅰ型）滚刀，其圆周齿数取 12 ~ 16 个；对于小直径（Ⅱ型）滚刀，其圆周齿数取 9 ~ 12 个。

（4）滚刀的精度　滚刀按精密程度分为 AAA 级、AA 级、A 级、B 级、C 级。表 3-4 列出了滚刀公差等级与被加工齿轮公差等级的关系。

表 3-4　滚刀公差等级与被加工齿轮公差等级的关系

滚刀公差等级	AAA 级	AA 级	A 级	B 级	C 级
被加工齿轮公差等级	6	7 ~ 8	8 ~ 9	9	10

4. Y3150E 型滚齿机

（1）机床组成　Y3150E 型滚齿机是一种中型通用滚齿机，主要用于加工直齿和斜齿圆柱齿轮，也可以采用径向切入法加工蜗轮。可以加工的工件最大直径为 500mm，最大模数为 8mm，如图 3-105 所示为该机床的外形图。立柱 2 固定在床身 1 上，刀架溜板 3 可沿立柱导轨上下移动。刀架体 5 安装在刀架溜板 3 上，可绕自己的水平轴线转位。滚刀安装在刀杆 4 上，做旋转运动。工件安装在工作台 9 的心轴 7 上，随同工作台一起转动。后立柱 8 和工作台 9 一起装在床鞍 10 上，可沿机床水平导轨移动，用于调整工件的径向位移或径向进给运动。

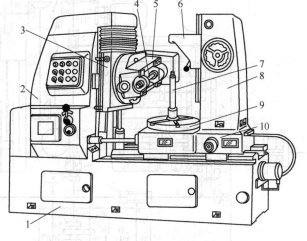

图 3-105　Y3150E 型滚齿机
1—床身　2—立柱　3—刀架溜板　4—刀杆　5—刀架体
6—支架　7—心轴　8—后立柱　9—工作台　10—床鞍

（2）传动系统分析　从前面分析可知，滚齿机的主要运动是由主运动传动链、展成运动传动链、重直进给运动传动链和附加运动传动链组成。此外，还有用于快速调整机床的空行程快速传动链。如图 3-106 所示为 Y3150E 型滚齿机的传动系统图。下面具体分析各传动链的调整计算。

1）主运动传动链：主运动传动链的两端件是：电动机—滚刀主轴Ⅷ。其传动路线表达式为

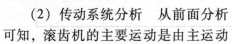

$$
\begin{aligned}
&\text{电动机} \\
&\binom{n=1430\text{r/min}}{P=4\text{kW}} - \frac{\phi115}{\phi165} - \text{I} - \frac{21}{42} - \text{II} - \begin{bmatrix} 31/39 \\ 35/35 \\ 27/43 \end{bmatrix} - \text{III} - \frac{A}{B} - \text{IV} \\
&\quad - \frac{28}{28} - \text{V} - \frac{28}{28} - \text{VI} - \frac{28}{28} - \text{VII} - \frac{20}{80} - \text{滚刀主轴VIII}
\end{aligned}
$$

上式中 $\dfrac{A}{B}$ 和三联滑移齿轮变速组就是主运动换置机构 u_v。由上式可得换置公式为

$$u_v = u_{II-III}\frac{A}{B} = n_{刀}/124.583$$

式中　u_{II-III}——轴 II-III 之间的可变传动比；

$\dfrac{A}{B}$——主运动变速挂轮齿数比，共三种：22/44，33/33，44/22。

滚刀的转速确定后，就可算出 u_v 的数值，并由此决定变速箱中滑移齿轮的啮合和交换齿轮的齿数。

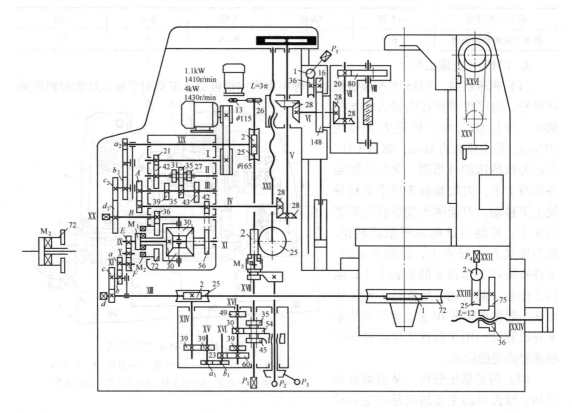

图 3-106　Y3150E 型滚齿机的传动系统图

2）展成运动传动链：展成运动传动链的两端件是：滚刀主轴—工作台。计算位移是：滚刀转 1 转，工件相应转 $k/z_{工}$ 转。其传动路线表达式为

$$滚刀主轴 - \frac{80}{20} - VII - \frac{28}{28} - VI - \frac{28}{28} - V - \frac{28}{28} - IV - \frac{42}{56} - XI -$$

$$\frac{合成}{机构} - IX - \frac{E}{F} - XII - \frac{a}{b} \times \frac{c}{d} - XIII - \frac{1}{72} - 工作台$$

上式中，$\dfrac{E}{F} \times \dfrac{a}{b} \times \dfrac{c}{d}$ 为展成运动的换置机构 u_x。

滚切直齿圆柱齿轮时，合成机构用离合器 M_1，故 $u_{合成}=1$。由上式可得展成运动传动链换置公式为

$$u_x = \frac{E}{F} \times \frac{a}{b} \times \frac{c}{d} = 24k/z_工 \tag{7-3}$$

上式中的交换齿轮 E/F 用于工件齿数 $z_工$ 在较大范围内变化时对 u_x 的数值起调节作用，使其数值适中，以便于选取交换齿轮。k 为滚刀头数。根据 $z_工/k$ 值，E/F 可以有如下三种选择：

$5 \leqslant z_工/k \leqslant 20$ 时，取 $E=48$，$F=24$。

$21 \leqslant z_工/k \leqslant 142$ 时，取 $E=36$，$F=36$。

$143 < z_工/k$ 时，取 $E=24$，$F=48$。

3）垂直进给运动传动链：垂直进给运动传动链的两端件是工作台和刀架。计算位移是：工作台转 1 转，刀架垂直进给 f（单位为 mm）。其传动路线表达式为

$$工作台 - \frac{72}{1} - XⅢ - \frac{2}{25} - XⅣ - \left[\begin{array}{c} \frac{39}{39} - XV - \\ - - - - \end{array}\right] - \frac{a_1}{b_1} - XⅥ - \frac{23}{69} - XⅦ -$$

$$换向$$

$$\left[\begin{array}{c} 39/45 \\ 30/54 \\ 49/35 \end{array}\right] - XⅧ - M_3 - \frac{2}{25} - 丝杠(P=3\pi)$$

上式中，a_1/b_1 和轴 XⅦ—XⅧ 之间的三联滑移齿轮是垂直进给运动的换置机构 u_f。由上式得出置换公式：

$$u_f = (a_1/b_1) \times u_{XⅦ-XⅧ} = f/0.4608\pi$$

式中　f——轴向进给量（mm/r）；

a_1/b_1——轴向进给交换齿轮；

$u_{XⅦ-XⅧ}$——进给箱轴 XⅦ ~ XⅧ 之间的可变传动比。

4）附加运动传动链：滚切斜齿轮时主运动传动链和垂直进给运动传动链与加工直齿圆柱齿轮时相同。而为了形成齿向螺旋线，需要有附加运动传动链，这时采用离合器 M_2，所以展成运动传动链中 $u_{合成}=-1$。附加运动传动链的两端件是刀架和工作台。计算位移是：刀架每移动一个被加工斜齿轮的导程 P（单位为 mm），工件附加 1 转。其传动路线表达式为

$$刀架 \frac{P}{3\pi} - \frac{25}{2} - XⅧ - \frac{2}{25} - XⅨ - \frac{a_2}{b_2} \times \frac{c_2}{d_2} - XX - \frac{36}{72} - M_2 - \begin{array}{c} 合成 \\ 机构 \end{array}$$

$$- \frac{E}{F} - XⅡ - \frac{a}{b} \times \frac{c}{d} - Ⅷ - \frac{1}{72} - 工作台$$

上式中，$P = \pi m_端/\tan\beta$。$\dfrac{a_2}{b_2} \times \dfrac{c_2}{d_2}$ 是附加运动传动链的换置机构 u_y。在加工斜齿圆柱齿轮时，合成机构用离合器 M_2。这时合成机构的传动比 $u_{合成}$ 为 2。由上式可得附加运动的换置公式为

$$u_y = \frac{a_2}{b_2} \times \frac{c_2}{d_2} = \pm 9 \times \sin\beta/(m_法 k)$$

（3）运动合成机构　在加工斜齿圆柱齿轮时，展成运动和附加运动传动链要通过合成机构合成后传递给工作台。在 Y3150E 上采用了行星轮机构的速度合成机构，其结构原理如图 3-107 所示。该机构由 4 个 $z=30$ 的锥齿轮组成。

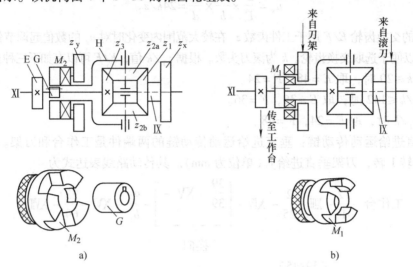

a)　　　　　　　　　　　　　　　　b)

图 3-107　速度合成机构原理图

加工直齿圆柱齿轮时，不需要附加运动，不使用附加传动链，合成机构不必起运动合成作用。这时，离合器 M_1 结合，行星轮 z_{2a}、z_{2b} 和太阳轮 z_1、z_3 之间无相对运动，转臂 H 与轴 IX、XI 形成一个整体，展成运动经齿轮 z_x 直接传至齿轮 E，所以，$u_{合成}=1$。

加工斜齿圆柱齿轮时，展成运动和附加运动需要通过合成机构叠加后传给工作台。这时，离合器 M_2 空套在轴 XI 上，把空套齿轮 z_y 与转臂 H 连接在一起，附加运动经过齿轮 z_y 传给转臂 H。因而，展成运动传来的运动 n_{IX} 和附加运动传来的运动 n_H 在合成机构中叠加，输出轴的运动为 n_{XI}。三者之间的运动关系为

$$n_{XI}=2\,n_H-n_{IX} \tag{7-4}$$

5. 数控滚齿机简介

由以上对普通滚齿机的分析可知，普通滚齿机传动系统非常复杂，传动链多且传动精度要求高，这给普通滚齿机的设计、计算、调整带来了很大困难。随着数控技术的不断发展，数控滚齿机克服了普通滚齿机传动系统复杂的缺点，实现了高度自动化和柔性化控制，极大简化了滚齿机的机械传动系统。

（1）机床的组成　如图 3-108 所示为一台立式数控滚齿机外形图。径向滑座（又称立柱）可沿 v_r 方向径向移动；垂直滑座可沿 v_v 方向垂直移

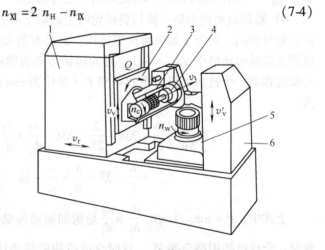

图 3-108　立式数控滚齿机
1—径向滑座（立柱）　2—垂直滑座　3—滚刀架
4—切向滑座　5—工作台　6—外支架

动；滚刀架可按 Q 方向转动；切向滑座可沿 v_t 方向切向移动；工作台可沿 n_w 方向转动；外支架可沿 v'_t 方向垂直升降；n_c 为滚刀回转方向。这种数控滚齿机的冷却系统、液压系统及自动排屑机构完全设置在机外，工作区域全封闭，并设有油雾自动排除装置，保持洁净的加工环境，控制系统设有空调，以保证其性能的稳定。

（2）机床的传动特点　如图 3-109 所示为某数控滚齿机的传动系统示意图。它具有以下传动特点：

1）传动系统的各个运动部分均由各自的伺服电动机独立驱动。每一运动的传动链实现了最短的传动路线，为提高传动精度提供了有利条件。数控滚齿机的加工精度可达 6～4 级。此外，可设置传感器监测，自动补偿中心距和刀具直径的变化，保持了加工尺寸精度的稳定性。

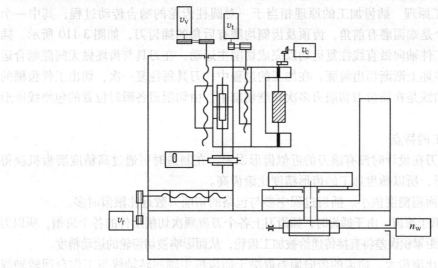

图 3-109　数控滚齿机的传动原理

2）数控滚齿机的各个传动环节相互独立，完全摆脱了传动齿轮和行程挡块调整方式，加工时通过人机对话的方式用键盘输入编程（或调用存储程序），只要把所要求的加工方式、工件和刀具参数、切削用量等输入即可，而且编程时不需停机，工作程序可以储存供再次加工时调用，储存容量可达 100 种之多。其调整时间仅为普通滚齿机的 10%～30%。

3）数控滚齿机的所有内联系传动都由数控系统完成，代替了普通滚齿机的机械传动，通过优化滚齿切入时的切削速度和进给量，加大回程速度，减少了滚齿时的基本时间（亦称机动时间）。数控滚齿机加工比普通滚齿机加工基本时间减少 30%。

（3）数控滚齿机的结构特点

1）主电动机装在垂直滑座上，尽量简化主传动链的传动。

2）主轴上可安装多把滚刀，实现一次安装加工不同参数的齿轮，所以切向滑座及其行程较长。

3）滚刀可快速装卸、自动夹紧。

4）所有内联系传动，都采用电传动，简化了机床结构。

5）大立柱、床身等可以设计成双重壁加强肋的封闭式框架结构，增强了机床刚性，有利于采用大切削用量滚齿，加工时无振动。

（4）数控滚齿机的控制特点

1）高度自动化和柔性化。通过编程几乎可以完成任意加工循环方式，快速换刀、自动夹紧，自动调整各传动链、优选切削用量。

2）完善的操作程序和提示功能，保证机床的宜人性，操作简单可靠，且便于多机床管理。

3）数控滚齿机的控制系统多采用模块式多微机控制，硬件和软件结构已标准化，与市场产品兼容，便于维修和扩展功能。

3.5.3 插齿加工

1. 概述

（1）插齿加工原理　插齿加工的原理相当于一对圆柱齿轮的啮合传动过程，其中一个是工件，而另一个是端面磨有前角，齿顶及齿侧均磨有后角的插齿刀，如图 3-110 所示。插齿时，插齿刀沿工件轴向做直线往复运动以完成切削主运动，在刀具与齿坯做无间隙啮合运动的过程中，在齿坯上渐渐切出齿廓。在加工的过程中，刀具每往复一次，切出工件齿槽的一小部分，齿廓曲线是在插齿刀切削刃多次相继切削中，由切削刃各瞬时位置的包络线所形成的。

（2）插齿加工的特点

1）由于插齿刀在设计时没有滚刀的近似齿形误差，在制造时可通过高精度磨齿机获得精确的渐开线齿形，所以插齿加工的齿形精度比滚齿高。

2）齿面的表面粗糙度值小。插齿过程中参与包络的切削刃数远比滚齿时多。

3）运动精度低于滚齿。由于插齿时，插齿刀上各个刀齿顺次切削工件的各个齿槽，所以刀具制造时产生的齿距累积误差将直接传递给被加工齿轮，从而影响被切齿轮的运动精度。

4）齿向偏差比滚齿大。插齿的齿向偏差取决于插齿机主轴回转轴线与工作台回转轴线的平行度误差。由于插齿刀往复运动频繁，主轴与套筒容易磨损，所以齿向偏差常比滚齿加工时要大。

5）插齿的生产率比滚齿低。因为插齿刀的切削速度受往复运动惯性限制难以提高，目前插齿刀每分钟往复行程次数一般只有几百次。此外，插齿有空行程损失。

6）插齿可以加工内齿轮、双联或多联齿轮、齿条、扇形齿轮等滚齿无法完成的加工。

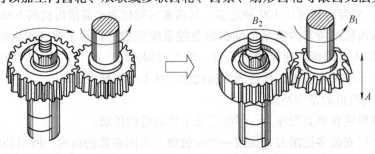

图 3-110　插齿加工原理及其成形运动

2. 插齿加工的应用

（1）直齿圆柱齿轮加工　由插齿的加工原理可知，插齿的展成运动是插齿刀与被加工齿轮之间的啮合传动。这是一条内联系传动链，二者的转速比应严格符合下列关系：

$$n_{\text{工}} = n_{\text{刀}}(z_{\text{刀}}/z_{\text{工}}) \tag{7-6}$$

式中　$z_{\text{刀}}$、$z_{\text{工}}$——插齿刀和被加工齿轮的齿数；

　　　$n_{\text{刀}}$、$n_{\text{工}}$——插齿刀和被加工齿轮的转速。

在插齿加工中，主运动是插齿刀的轴向往复行程，因而，齿轮的齿长是由主运动的轨迹形成的。显然，通过调整插齿刀的轴向往复行程，就可以加工不同齿长的齿轮。为切出全齿高，还有一个径向进给运动。

（2）斜齿圆柱齿轮加工　加工斜齿圆柱齿轮时的展成运动和主运动与直齿圆柱齿轮加工时相同，其特殊之处在于必须使插齿刀附加一个转动，以形成斜齿轮的齿向螺旋线。这一附加转动与插齿刀的轴向运动之间也必须保持严格的相对运动关系，以得到齿向螺旋角。所以，这也是一条内联系传动链。

插刀加工的传动原理如图 3-111 所示。

3. 插齿刀

（1）插齿刀的类型　插齿刀是插齿加工的刀具。插齿刀的形状很像齿轮，其模数和名义压力角就等于被加工齿轮的模数和压力角，只是插齿刀有切削刃、前角和后角。加工直齿齿轮使用直齿插齿刀；加工斜齿轮和人字齿轮要使用斜齿插齿刀。常用的插齿刀结构类型有三种：

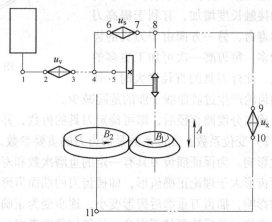

图 3-111　插齿加工的传动原理

1）Ⅰ型——盘状直齿插齿刀（图 3-112a）。这是最常用的一种形式，用于加工直齿外齿轮和大直径内齿轮。插齿刀的内孔直径由国家标准规定，因此不同的插齿机应选用不同的插齿刀。

2）Ⅱ型——碗形直齿插齿刀（图 3-112b）。它和Ⅰ型插齿刀的区别在于其刀体凹孔较深，以便容纳紧固螺母，避免在加工双联齿轮时，螺母碰到工件。

3）Ⅲ型——锥柄直齿插齿刀（图 3-112c）。这种插齿刀的直径较小，只能做成整体式，它主要用于加工较小的内齿轮。

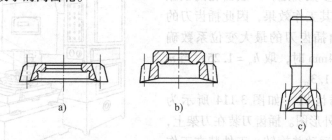

图 3-112　常见插齿刀的三种形式

a）盘状直齿插齿刀　b）碗形直齿插齿刀　c）锥柄直齿插齿刀

除此之外，还可以根据实际生产的需要设计专用的插齿刀。例如：为了提高生产效率所采用的复合插齿刀，即在一把插齿刀上做有粗切齿及精切齿，这两种刀齿的齿数都等于被切齿轮的齿数，插齿刀转一转，就可以完成齿形的粗加工和精加工。

（2）插齿刀几何结构参数分析　插齿刀的几何结构参数对插齿刀的生产率、使用寿命及加工质量影响很大，其中主要有分度圆直径、齿数、变位系数和齿顶高系数，如图 3-113 所示。

1）分度圆直径和齿数：插齿刀的分度圆直径已形成标准系列，在设计插齿刀时应首先选用。这样可以避免重新设计制造磨齿机的渐开线凸轮板。通常只要插齿机和磨齿机允许，应选用较大直径的插齿刀，这样做一方面由于切入区和齿轮的接触长度增加，有利于提高刀具的寿命，另一方面由于刀具的齿数增多，每刃磨一次可加工更多的齿轮。此外刀具的直径增大时，切出的齿轮产生过渡曲线干涉的危险减少。

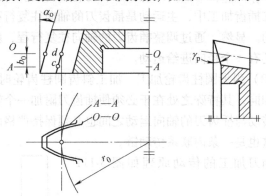

图 3-113　插齿刀几何结构参数分析

确定分度圆直径后，即可确定刀具的齿数，并可计算出插齿刀的实际分度圆直径。

2）变位系数：变位系数是插齿刀的重要参数，对加工质量、刀具寿命及顶刃强度都有较大影响。为保证插齿刀具有一定的重磨次数和寿命，在设计和制造插齿刀时，要让新刀的端面齿形大于理论正确齿形，即插齿刀的端面齿形为正变位齿形。由于前角和侧刃、顶刃后角的影响，插齿刀重磨后齿形变小，逐步变为正确齿形（零变位），再继续使用时，齿形变成负变位，最后达到使用寿命。从使用角度考虑，希望最小变位系数越小越好，以使插齿刀的重磨次数多些。但最小变位系数太小会出现根切现象（当被加工齿轮齿数较少时）和顶切现象（当被加工齿轮齿数较多时）。从加工质量考虑，插齿刀的最大变位系数越大，则插齿刀侧刃的工作部分距基圆越远，其曲率半径也越大，因而在相同圆周进给量的情况下，可得到较高的表面加工质量。但随着变位系数的增大，插齿刀顶刃宽度减小，使刀具寿命和刀齿强度降低，同时有可能发生过渡曲线干涉。

3）齿顶高系数：插齿刀的齿顶高系数不能单纯根据齿轮的参数确定，一般齿轮的顶隙稍有改变并不影响其工作效果，因此插齿刀的齿顶高系数可以由插齿刀的最大变位系数确定。通常，当 $m < 4\text{mm}$ 时，取 $h_a = 1.25$；当 $m > 4\text{mm}$ 时，取 $h_a = 1.3$。

（3）Y5132 插齿机　如图 3-114 所示为 Y5132 型插齿机的外形图。插齿刀装在刀架上，随主轴做上下往复运动并旋转；工件装在工作台上做旋转运动，并随工作台一起做径向直线运动。该机床加工外齿轮的最大直径为 320mm，最大宽度为 80mm；加工内齿轮的最大直径为 500mm，最大宽度为 50mm。

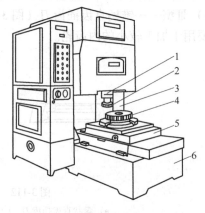

图 3-114　Y5132 型插齿机外形图
1—主轴　2—插齿刀　3—立柱
4—工件　5—工作台　6—床身

　　如图 3-111 所示，插齿机需要两个成形运动：即形成渐开线齿面的展成运动和形成齿长的轴向切削运动。有三条运动传动链，即主运动传动链、展成运动传动链和圆周进给运动传动链。

　　"电动机—1—2—u_v—3—4—5—曲柄偏心盘—插齿刀"为主运动传动链，在电动机的驱动下插齿刀做往复切削运动。改变换置机构的传动比 u_v，就可以改变插齿刀的切削速度。

　　"曲柄偏心盘—5—4—6—u_s—7—8—插齿刀主轴"为圆周进给运动传动链，改变换置机构的传动比 u_s，就可以改变插齿刀的旋转速度。插齿刀转速较低时，被加工齿轮的齿面包络线多，加工齿面质量高。

　　"插齿刀轴—8—9—u_x—10—11—工件工作台"为展成运动传动链。展成运动传动链是插齿机的主要传动链，传动链中的换置机构传动比 u_x 要根据被加工齿轮的齿数和插齿刀的齿数来调整。

　　除上述成形运动外，该插齿机还有让刀运动、径向切入运动。加工时可选择一次、两次和三次进给自动循环。机床设有换向机构，可以改变插齿刀和工件的旋转方向，使插齿刀的两个切削刃能被充分利用。

　　如图 3-115 所示为 Y5132 型插齿机的传动系统图。

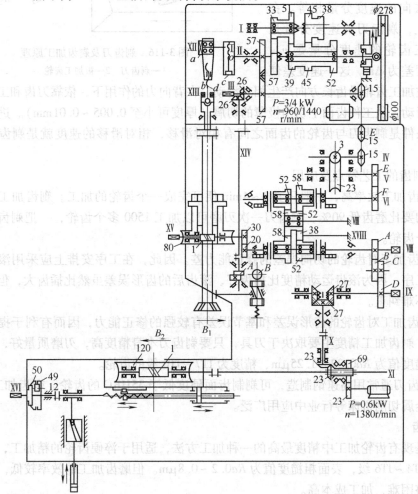

图 3-115　Y5132 型插齿机传动系统图

3.5.4 齿形的精加工方法

1. 剃齿

剃齿是齿轮精加工方法之一，剃齿生产率高，广泛用于大批量生产中精度较高的未淬火齿轮。

（1）剃齿原理　剃齿加工过程相当于一对螺旋齿轮作双面无侧隙啮合的过程。如图 3-116 所示，其中一个是剃齿刀，它是一个沿齿面齿高方向上开有很多容屑槽形成切削刃的斜齿圆柱齿轮，另一个是被加工齿轮。剃齿时，经过预加工的工件装在心轴上，顶在机床工作台上的两顶尖之间，可以自由转动；剃齿刀装在机床的主轴上，在机床的带动下与工件做无侧隙的螺旋齿轮啮合传动，带动工件旋转。根据啮合原理，二者在齿长法向的速度分量相等。在齿长方向上，剃齿刀的速度分量是 v_{1t}，被加工齿轮的速度分量是 v_{2t}，二者的速度差为 Δv_t。这一速度差使

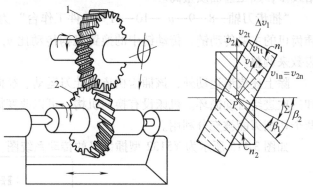

图 3-116　剃齿刀及剃齿加工原理
1—剃齿刀　2—被加工齿轮

剃齿刀与被加工齿轮沿齿长方向产生相对滑动。在背向力的作用下，依靠刀齿和工件齿面之间的相对滑动，从工件齿面上切出极薄的切屑（厚度可小至 0.005 ~ 0.01mm）。进行剃齿切削的必要条件是剃齿刀与齿轮的齿面之间有相对滑移，相对滑移的速度就是剃齿的切削速度。

（2）剃齿的工艺特点及应用

1）剃齿加工效率高，一般只要 2 ~ 4min 便可完成一个齿轮的加工。剃齿加工的成本也很低，平均要比磨齿低 90%，剃齿刀一次刃磨可以加工 1500 多个齿轮，一把剃齿刀约可加工 10000 个齿轮。

2）剃齿加工对齿轮的切向误差的修正能力差。因此，在工序安排上应采用滚齿作为剃齿的前道工序，因为滚齿运动精度比插齿好，滚齿后的齿形误差虽然比插齿大，但这在剃齿工序中却不难纠正。

3）剃齿加工对齿轮的齿形误差和基节误差有较强的修正能力，因而有利于提高齿轮的齿形精度。剃齿加工精度主要取决于刀具，只要剃齿刀本身精度高，刃磨质量好，就能够剃出表面粗糙度值为 $Ra0.32 ~ 1.25\mu m$、精度为 IT7 ~ IT6 级的齿轮。

4）剃齿刀通常用高速钢制造，可剃制齿面硬度低于 35HRC 的齿轮。剃齿加工在汽车、拖拉机及金属切削机床等行业中应用广泛。

2. 磨齿

磨齿是现有齿轮加工中精度最高的一种加工方法，适用于淬硬齿轮的精加工，其加工精度可达到 IT4 ~ IT6 级，表面粗糙度值为 $Ra0.2 ~ 0.8\mu m$。但磨齿加工的效率较低，机床结构复杂，调整困难，加工成本高。

磨齿加工常用的方法是展成法。常见的磨齿机有大平面砂轮磨齿机、碟形砂轮磨齿机、

锥面砂轮磨齿机和蜗杆砂轮磨齿机。

其中，大平面砂轮磨齿机加工精度最高，但效率较低；蜗杆形砂轮磨齿机效率较高，精度可达 6 级。

如图 3-117 所示为大平面砂轮磨齿原理。齿轮的齿面渐开线由靠模来保证。图 3-117a 中，靠模绕轴线转动，在挡块的作用下，轴线沿导轨移动，因而相当于靠模的基圆在 CPC 线上滚动。齿坯与靠模轴线同轴安装即可磨出渐开线齿形。图 3-117b 中通过转动一定角度可以用同一个靠模磨削不同基圆直径的齿轮。大平面砂轮磨齿精度较高，一般用于刀具或标准齿轮的磨削。

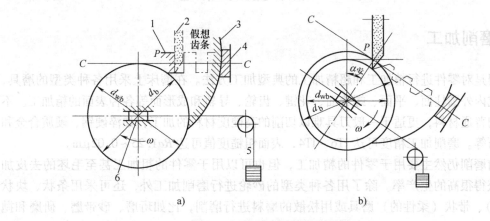

图 3-117　大平面砂轮磨齿原理
1—工件　2—砂轮　3—渐开线靠模　4—挡块　5—配重　6—头架导轨

如图 3-118 所示为碟形砂轮磨齿的工作原理。两个碟形砂轮分别模拟与被加工齿轮相啮合的齿条的两个齿面。砂轮只做高速旋转运动，被加工齿轮的往复移动和转动实现渐开线展成运动。

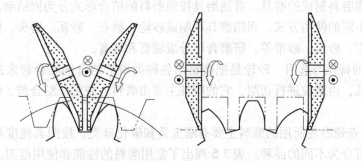

图 3-118　碟形砂轮磨齿的工作原理

如图 3-119 所示为蜗杆砂轮磨齿的工作原理，与滚齿加工相似，它是利用一对螺旋齿轮的啮合原理进行加工。把砂轮做成蜗杆形状，二者按严格的啮合传动关系运动，实现渐开线齿轮的加工。

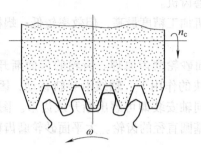

图 3-119　蜗杆砂轮磨齿的工作原理

3.6　磨削加工

　　磨削是对零件进行精加工和超精加工的典型加工方法。在磨床上采用各种类型的磨具，可以完成内外圆柱面、平面、螺旋面、花键、齿轮、导轨和成形面等各种表面的精加工。不仅能磨削普通材料，更适于一般刀具难以切削的高硬度材料的加工，如淬硬钢、硬质合金和各种宝石等。磨削加工精度可达 IT6 ~ IT4，表面粗糙度值可达 $Ra1.25 \sim 0.02\mu m$。

　　目前磨削仍然主要用于零件的精加工，但也可以用于零件的粗加工甚至毛坯的去皮加工，可获得很高的生产率。除了用各种类型的砂轮进行磨削加工外，还可采用条状、块状（刚性的）、带状（柔性的）磨具或用松散的磨料进行磨削，比如珩磨、砂带磨、研磨和抛光等。

3.6.1　磨具

　　凡在加工中起磨削、研磨、抛光作用的工具统称磨具。根据所用的磨料不同，磨具可分为普通磨具和超硬磨具两大类。

　　1. 普通磨具

　　（1）普通磨具的类型　普通磨具是指用普通磨料制成的磨具，如刚玉类磨料、碳化硅类磨料和碳化硼磨料制成的磨具。普通磨具按照磨料的结合形式分为固结磨具、涂附磨具和研磨膏。根据不同的使用方式，固结磨具可制成砂轮、磨石、砂瓦、磨头、抛磨块等；涂附磨具可制成纱布、砂纸、砂带等。研磨膏可分成硬膏和软膏。

　　（2）砂轮的特性与选用　砂轮是把磨料用各种类型的结合剂粘合起来的磨削工具。砂轮具有很多气孔，由磨粒进行切削，它的特性主要由磨料、粒度、结合剂、硬度和组织五个因素所决定。

　　1）磨料。普通砂轮所用的磨料主要有刚玉类和碳化硅类，按照其纯度和添加的元素不同，每一类又可分为不同的品种。表3-5列出了常用磨料的性能和使用范围。

　　2）粒度。粒度是指砂轮中磨粒尺寸的大小。粒度有两种表示方法：对于用机械筛分法来区分的较大磨粒，以其能通过筛网上每英寸长度上的孔数来表示粒度，粒度号为 4 ~ 420，粒度号越大，颗粒尺寸越小；对于用显微镜测量来确定粒度号的微细磨料（又称微粉），以实测到的最大尺寸，并在前面冠以"W"的符号来表示，其粒度号为 W63 ~ W0.5，如 W7，即表示此种微粉的最大尺寸为 7 ~ 5μm，粒度号越小，则微粉的颗粒越细。

表 3-5　常用磨料性能及适用范围

磨料名称		代号	主要成分	颜色	力学性能	热稳定性	适用磨削范围
刚玉类	棕刚玉	A	Al_2O_3 (95%) TiO_2 (2% ~3%)	褐色	韧性好 硬度大	2100℃熔融	碳钢、合金钢、铸钢
	白刚玉	WA	Al_2O_3 (>99%)	白色			淬火钢、高速钢
碳化硅类	黑碳化硅	C	SiC (>95%)	黑色		>1500℃氧化	铸铁、黄铜、非金属材料
	绿碳化硅	GC	SiC (>99%)	绿色			硬质合金等
高硬磨材料	氮化硼	CBN	立方氮化硼	黑色	高硬度 高强度	<1300℃稳定	硬质合金、高速钢
	人造金刚石	D	碳结晶体	乳白色		>700℃石墨化	硬质合金、宝石

磨粒粒度选择的原则是：

①精磨时，应选用磨粒粒度号较大或颗粒直径较小的砂轮，以减小已加工表面的表面粗糙度值。

②粗磨时，应选用磨粒粒度号较小或颗粒较粗的砂轮，以提高生产效率。

③砂轮速度较高时，或砂轮与工件接触面积较大时选用颗粒较粗的砂轮，减少同时参加切削的磨粒数，以免发热过多而引起工件表面烧伤。

磨削软而韧的金属时，用颗粒较粗的砂轮，以免砂轮过早堵塞；磨削硬而脆的金属时，选用颗粒较细的砂轮，以提高同时参加磨削的磨粒数，提高生产效率。

磨粒常用的粒度、尺寸及应用范围见表 3-6。

表 3-6　常用磨粒粒度、尺寸及应用范围

类别	粒度	颗粒尺寸	应用范围	类别	粒度	颗粒尺寸	应用范围
磨粒	12 ~ 36	2000 ~ 1600 500 ~ 400	荒磨、去毛刺	微粉	W40 ~ W28	40 ~ 28 28 ~ 20	珩磨、研磨
	46 ~ 80	400 ~ 315 200 ~ 160	粗磨、半精磨、精磨		W20 ~ W14	20 ~ 14 14 ~ 20	研磨、超精磨削
	100 ~ 280	160 ~ 125 50 ~ 40	精磨、珩磨		W10 ~ W5	10 ~ 7 5 ~ 3.5	研磨、超精加工、镜面磨削

3）结合剂。砂轮的结合剂将磨粒粘合起来，使砂轮具有一定的强度、气孔、硬度和抗腐蚀、抗潮湿等性能。常用结合剂的性能及适用范围见表 3-7。

表 3-7　常用结合剂的性能及适用范围

结合剂	代号	性能	适用范围
陶瓷	V	耐热、耐蚀，气孔率大，易保持廓形，弹性差	最常用，适用于各类磨削加工
树脂	B	强度较 V 高，弹性好，耐热性差	适用于高速磨削、切断、开槽等
橡胶	R	强度较 B 高，更富有弹性，气孔率小，耐热性差	适用于切断、开槽等
青铜	J	强度较高，导电性好，磨耗少，自锐性差	适用于金刚石砂轮

4）硬度。砂轮的硬度是指磨粒在外力作用下从其表面脱落的难易程度，也反映磨粒与结合剂的粘固程度。砂轮硬表示磨粒难以脱落，砂轮软则与之相反。可见，砂轮的硬度主要由结合剂的粘接强度决定，而与磨粒的硬度无关。一般说来，砂轮组织疏松时，砂轮硬度低些，树脂结合剂的砂轮硬度比陶瓷结合剂的砂轮低些。砂轮的硬度等级代号见表3-8。

表 3-8　砂轮的硬度等级代号

大级名称	超软			软			中软		中		中硬			硬		超硬
小级名称	超软			软1	软2	软2	中软1	中软2	中1	中2	中硬1	中硬2	中硬3	硬1	硬2	超硬
代号	D	E	F	G	H	J	K	L	M	N	P	Q	R	S	T	Y

砂轮硬度的选用原则是：工件材料越硬，应选用越软的砂轮。这是因为硬材料易使磨粒磨损，需用较软的砂轮，以使磨钝的磨粒及时脱落。工件材料越软，砂轮的硬度应越硬，以使磨粒脱落慢些，发挥其磨削作用。但在磨削有色金属、橡胶、树脂等软材料时，要用较软的砂轮，以便使堵塞处的磨粒较易脱落，露出锋锐的新磨粒。

磨削接触面积较大时，磨粒较易磨损，应选用较软的砂轮。薄壁零件及导热性差的零件，应选较软的砂轮。

半精磨与粗磨相比，需用较软的砂轮；但精磨和成形磨削时，为了较长时间保持砂轮轮廓，需用较硬的砂轮。

在机械加工时，常用的砂轮硬度等级一般为 H 至 N（软2～中2）。

5）组织。砂轮的组织是指磨粒、结合剂和气孔三者体积的比例关系，表示结构紧密和疏松程度。砂轮的组织用组织号的大小来表示，把磨粒在磨具中占有的体积百分数（即磨粒率）称为组织号。砂轮的组织号及适用范围见表3-9。

表 3-9　砂轮的组织号及适用范围

组织号	0	1	2	3	4	5	6	7	8	9	10	11	12	13	14
磨粒率(%)	62	60	58	56	54	52	50	48	46	44	42	40	38	36	34
疏密程度	紧密				中等				疏松					大气孔	
适用范围	重负荷、成形、精密磨削、加工脆硬材料				外圆、内圆、无心磨及工具磨，淬硬工件及刀具刃磨等				粗磨及磨削韧性大、硬度低的工件,适合磨削薄壁、细长工件,或砂轮与工件接触面大以及平面磨削等					有色金属及塑料橡胶等非金属以及热敏合金	

（3）砂轮的形状、尺寸与标志　为了适应不同类型的磨床上磨削各种形状工件的需要，砂轮有许多种形状和尺寸规格。

常见的砂轮形状、代号及用途见表3-10。

砂轮的标记印在砂轮的端面上，其顺序是：形状代号、尺寸、磨料、粒度号、硬度、组织号、结合剂、线速度。例如：外径300mm，厚度50mm，孔径75mm，棕刚玉，粒度60，硬度L，5号组织，陶瓷结合剂，最高工作线速度35m/s的平形砂轮，其标记为

砂轮　1—300×50×75—A60L5V—35m/s GB/T 2484—2006

表3-10 常用砂轮的形状、代号及用途

砂轮名称	代号	断面形状	主要用途
平行砂轮	1		外圆磨、内圆磨、平面磨、无心磨、工具磨
薄片砂轮	41		切断及切槽
筒形砂轮	2		端磨平面
碗形砂轮	11		刃磨刀具、磨导轨
蝶形1号砂轮	12a		磨铣刀、铰刀、拉刀、磨齿刀
双斜边砂轮	4		磨齿轮及螺纹
杯行砂轮	6		磨平面、内圆、刃磨刀具

2. 超硬磨具

超硬磨具是指用金刚石、立方氮化硼等以显著高硬度为特征的磨料制成的磨具，可分为金刚石磨具、立方氮化硼磨具和电镀超硬磨具。超硬磨具一般由基体、过渡层和超硬磨料层三部分组成，磨料层厚度为 1.5 ~ 5mm，主要由结合剂和超硬磨粒所组成，起磨削作用。过渡层单由结合剂组成，其作用是使磨料层与基体牢固地结合在一起，以保证磨料层的使用。基体起支承磨料层的作用，并通过它将砂轮紧固在磨床主轴上，基体一般用铝、钢、铜或胶木等制造。

超硬磨具的粒度、结合剂等特性与普通磨具相似，浓度是超硬磨具所具有的特殊性质。浓度是指超硬磨具磨料层内每立方厘米体积内所含的超硬磨料的重量，它对磨具的磨削效率和加工成本有着重大的影响。浓度过高，很多磨粒容易过早脱落，导致磨料的浪费；浓度过低，磨削效率不高，不能满足加工要求。

金刚石砂轮主要用于磨削超高硬度的脆性材料，如硬质合金、宝石、光学玻璃和陶瓷等，不宜用于加工铁族金属材料。

由于立方氮化硼砂轮的化学稳定性好，加工一些难磨的金属材料，尤其是磨削工具钢、模具钢、不锈钢、耐热合金钢等具有独特的优点。

电镀超硬磨具的结合剂强度高，磨料层薄，砂轮表面切削锋利，磨削效率高，不需修整，经济性好。主要用于形状复杂的成形磨具、小磨头、套料刀、切割锯片、电镀铰刀以及用于高速磨削方式之中。

3.6.2 磨削方式与特点

根据工件被加工表面的形状和砂轮与工件的相对运动，磨削加工方法有：外圆磨削、内

圆磨削、平面磨削、无心磨削等几种主要加工类型。此外，还可对凸轮、螺纹、齿轮等零件进行磨削。

1. 外圆磨削

外圆磨削是用砂轮外圆周面来磨削工件的外回转表面的磨削方法，如图 3-120 所示。它不仅能加工圆柱面，还能加工圆锥面、端面、球面和特殊形状的外表面等。磨削中，砂轮的高速旋转运动为主运动 n_c，磨削速度是指砂轮外圆的线速度 v_c，单位为 m/s。

进给运动有工件的圆周进给运动 n_w，轴向进给运动 f_a 和砂轮相对工件的径向进给运动 f_r。

工件的圆周进给速度是指工件外圆的线速度 v_w，单位为 m/s。

轴向进给量 f_a 是指工件转一周沿轴线方向相对于砂轮移动的距离，单位为 mm/r。通常 $f_a = (0.02 \sim 0.08) B$，B 为砂轮宽度，单位为 mm。

径向进给量 f_r 是指砂轮相对工件在工作台每双（单）行程内径向移动的距离，单位为 mm/dstr 或 mm/str。

外圆磨削按照不同的进给方向可分为纵磨法和横磨法两种形式。

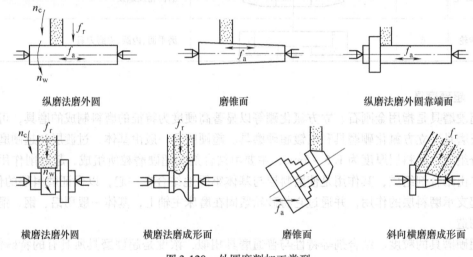

纵磨法磨外圆　　　　　　磨锥面　　　　　　纵磨法磨外圆靠端面

横磨法磨外圆　　　横磨法磨成形面　　　磨锥面　　　斜向横磨磨成形面

图 3-120　外圆磨削加工类型

（1）纵磨法　磨削外圆时，砂轮的高速旋转为主运动，工件做圆周进给运动，同时随工作台沿工件轴向做纵向进给运动。每单行程或每往复行程终了时，砂轮做周期的横向进给运动，从而逐渐磨去工件的全部余量。采用纵磨法每次的横向进给量少，磨削力小，散热条件好，并且能以光磨次数来提高工件的磨削精度和表面质量，是目前生产中使用最广泛的一种方法。

（2）横磨法　采用这种磨削形式，在磨削外圆时工件不需做纵向进给运动，砂轮以缓慢的速度连续或断续地沿工件径向做横向进给运动，直至达到精度要求。因此，要求砂轮的宽度比工件的磨削宽度大，一次行程就可完成磨削加工的全过程，所以加工效率高，同时它也适用于成形磨削。然而，在磨削过程中，砂轮与工件接触面积大，磨削力大，必须使用功率大、刚性好的机床。此外，磨削热集中，磨削温度高，势必影响工件的表面质量，必须给予充分的切削液来降低磨削温度。

2. 内圆磨削

普通内圆磨削方法如图 3-121 所示,砂轮高速旋转做主运动 n_c,工件旋转做圆周进给运动 n_w,同时砂轮或工件沿其轴线往复做纵向进给运动 f_a,工件沿其径向做横向进给运动 f_r。

与外圆磨削相比,内圆磨削有以下一些特点:

1)磨孔时因受工件孔径的限制,砂轮直径较小。小直径的砂轮很容易磨钝,需要经常修整或更换。

2)为了保证磨削速度,小直径砂轮转速要求较高,目前生产的普通内圆磨床砂轮转速一般为 10000 ~ 24000 r/min,有的专用内圆磨床砂轮转速达 80000 ~ 100000 r/min。

3)受孔径的限制,砂轮轴的直径比较细小,悬伸长径比大,刚性较差,磨削时容易发生弯曲和振动,影响工件的加工精度和表面质量,限制了磨削用量的提高。

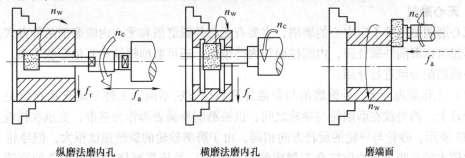

纵磨法磨内孔　　　　横磨法磨内孔　　　　磨端面

图 3-121　普通内圆磨削方法

3. 平面磨削

常见的平面磨削方式如图 3-122 所示。

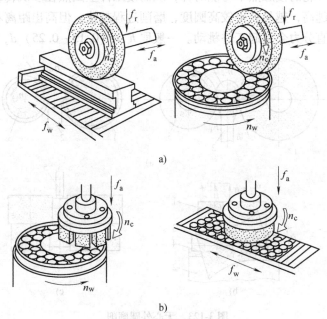

a)

b)

图 3-122　平面磨削方式

a)周边磨削　b)端面磨削

（1）周边磨削　如图 3-122a 所示，砂轮的周边为磨削工作面，砂轮与工件的接触面积小，摩擦发热小，排屑及冷却条件好，工件受热变形小，且砂轮磨损均匀，所以加工精度较高。但是，砂轮主轴处于水平位置，呈悬臂状态，刚性较差，不能采用较大的磨削用量，生产效率较低。

（2）端面磨削　如图 3-122b 所示，用砂轮的一个端面作为磨削工作面。端面磨削时，砂轮轴伸出较短，磨头架主要承受进给力，所以刚性较好，可以采用较大的磨削用量；另外，砂轮与工件的接触面积较大，同时参加磨削的磨粒数较多，生产效率较高。但磨削过程中发热量大，冷却条件差，脱落的磨粒及磨屑从磨削区排出比较困难，所以工件热变形大，表面易烧伤，且砂轮端面沿径向各点的线速度不等，使砂轮磨损不均匀，因此磨削质量比周边磨削低。

4. 无心磨削

无心磨削是工件不定中心的磨削，主要有无心外圆磨削和无心内圆磨削两种方式。无心磨削不仅可以磨削外圆柱面、内圆柱面和内外锥面，还可磨削螺纹和其他形状表面。下面以无心外圆磨削为例进行介绍。

（1）工作原理　无心外圆磨削与普通外圆磨削方法不同，工件不是支承在顶尖上或夹持在卡盘上，而是放在磨削轮与导轮之间，以被磨削外圆表面作为基准，支承在托板上，如图 3-123 所示，砂轮与导轮的旋转方向相同，由于磨削砂轮的旋转速度很大，但导轮（用摩擦系数较大的树脂或橡胶作结合剂制成的刚玉砂轮）是依靠摩擦力限制工件的旋转，使工件的圆周速度基本等于导轮的线速度，从而在砂轮和工件间形成很大的速度差，产生磨削作用。

为了加快成圆过程和提高工件圆度，工件的中心必须高于磨削轮和导轮中心连线，这样工件与磨削砂轮和导轮的接触点不可能对称，从而使工件上凸点在多次转动中逐渐磨圆。实践证明：工件中心越高，越易获得较高圆度，磨削过程越快。但高出距离不能太大，否则导轮对工件的向上垂直分力会引起工件跳动。一般取 $h = (0.15 \sim 0.25) d$，d 为工件直径。

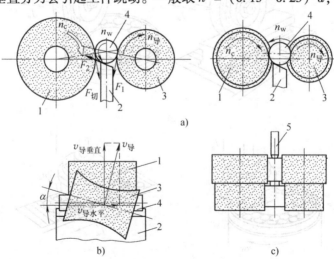

图 3-123　无心外圆磨削
1—砂轮　2—托板　3—导轮　4—工件　5—挡板

（2）磨削方式　无心外圆磨削有两种磨削方式，即贯穿磨削法（纵磨法）和切入磨削法（横磨法）。

1）贯穿磨削法：使导轮轴线在垂直平面内倾斜一个角度 α（如图 3-123b 所示），这样把工件从前面推入两砂轮之间，它除了做圆周进给运动以外，还由于导轮与工件间水平摩擦力的作用，同时沿轴向移动，完成纵向进给。导轮偏转角 α 的大小，直接影响工件的纵向进给速度。α 越大，进给速度越大，磨削表面粗糙度值越高。通常粗磨时取 α = 2° ~ 6°，精磨时取 α = 1° ~ 2°。

贯穿磨削适用于磨削不带凸台的圆柱形工件，磨削表面长度可大于或小于磨削轮宽度。磨削加工时一个接一个连续进行，生产率高。

2）切入磨削法：先将工件放在托板和导轮之间，然后使磨削砂轮横向切入进给来磨削工件表面，这时，导轮中心线仅需偏转一个很小的角度（约 30'），使工件在微小轴向推力的作用下紧靠挡块，得到可靠的轴向定位（如图 3-123c 所示）。

（3）特点与应用范围　在无心外圆磨床上磨削外圆，工件不需打中心孔，装卸简单省时；用贯穿磨削时，加工过程可连续不断运行；工件支承刚性好，可用较大的切削用量进行切削，而磨削余量可较小（没有因中心孔偏心而造成的余量不均现象），故生产效率较高。

由于工件定位面为外圆表面，消除了工件中心孔误差、外圆磨床工作台运动方向与前后顶尖的连线不平行以及顶尖的径向圆跳动等项误差的影响，所以磨削出来的工件尺寸精度和几何精度都比较高，表面粗糙度值也较小。但无心磨削调整费时，只适于成批及大量生产；又因工件的支承及传动特点，只能用来加工尺寸较小、形状比较简单的零件。此外无心磨削不能磨削不连续的外圆表面，如带有键槽、小平面的表面，也不能保证加工面与其他被加工面的相互位置精度。

除上述几种磨削类型外，实际生产中常用的还有螺纹磨削、齿轮磨削等方法，在大批大量生产中，还有许多如曲轴磨削、凸轮轴磨削等专门化和专用磨削方法。

3.6.3　磨削过程

1. 磨削过程分析

磨削过程是由磨具上的无数个磨粒的微切削刃对工件表面的微切削过程所构成的。如图3-124 所示，磨料磨粒的形状是很不规则的多面体，不同粒度号磨粒的顶尖角多为 90° ~120°，并且尖端均带有半径为 r_β 的尖端圆角，经修整后的砂轮，磨粒前角可达 − 80° ~−85°。与其他切削方法相比，磨削过程具有自己的特点。

单个磨粒的典型磨削过程可分为三个阶段：

（1）滑擦阶段　磨粒切削刃开始与工件接触，切削厚度由零开始逐渐增大，由于磨粒具有绝对值很大的实际负前角和相对较大的切削刃钝圆半径，所以磨粒并未切削工件，而只是在其表面滑擦而过，工件仅产生弹性变形，这一阶段称为滑擦阶段。这一阶段的特点是磨粒与工件之间的相互作用主要是摩擦作用，其结果是磨削区产生大量的热，使工件的温度升高。

（2）刻划阶段　当磨粒继续切入工件，磨粒作用在工件上的法向力 F_n 增大到一定值时，工件表面产生塑性变形，使磨粒前方受挤压的金属向两边流动，在工件表面上耕犁出沟槽，而沟槽的两侧微微隆起，如图 3-125 所示。此时磨粒和工件间的挤压摩擦加剧，热应力增加，这一阶段称为刻划阶段，也称耕犁阶段。这一阶段的特点是工件表面层材料在磨粒的作用下，产生塑性变形，表层组织内产生变形强化。

（3）切削阶段　随着磨粒继续向工件切入，切削厚度不断增大，当其达到临界值时，被磨粒挤压的金属材料产生剪切滑移而形成切屑。这一阶段以切削作用为主，但由于磨粒刃口钝圆的影响，同时也伴随有表面层组织的塑性变形强化。

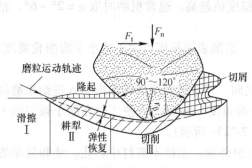

图 3-124　磨粒切入过程

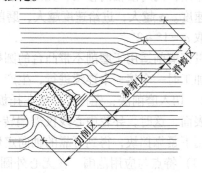

图 3-125　磨削过程中的隆起现象

在一个砂轮上，各个磨粒随机分布，形状和高低各不相同，其切削过程也有差异。其中一些突出和比较锋利的磨粒，切入工件较深，经过滑擦、耕犁和切削三个阶段，形成非常微细的切屑，由于磨削温度很高而使磨屑飞出时氧化形成火花；比较钝的、突出高度较小的磨粒，切不下切屑，只是起刻划作用，在工件表面上挤压出微细的沟槽；更钝的、隐藏在其他磨粒下面的磨粒只能滑擦工件表面。可见磨削过程是包含切削、刻划和滑擦作用的综合复杂过程。切削中产生的隆起残余量增加了磨削表面的表面粗糙度值，但实验证明，隆起残余量与磨削速度有着密切关系，随着磨削速度的提高而成正比下降。因此，高速切削能减小表面粗糙度值。

2. 磨削阶段

磨削时由于背向力的作用，工艺系统在工件径向产生弹性变形，使实际磨削深度与每次的径向进给量有所差别。所以，实际磨削过程可分为三个阶段，如图 3-126 所示。

（1）初磨阶段　在砂轮最初的几次径向进给中，由于工艺系统的弹性变形，实际磨削深度比磨床刻度所显示的径向进给量要小。工艺系统刚性越差，此阶段越长。

（2）稳定阶段　随着径向进给次数的增加，机床、工件、夹具工艺系统的弹性变形抗力也逐渐增大。直至上述工艺系统的弹性变形抗力等于径向磨削力时，实际磨削深度等于径向进给量，此时进入稳定阶段。

（3）光磨阶段　当磨削余量即将磨完时，径向进给运动停止。由于工艺系统的弹性变形逐渐恢复，实际径向进给量并不为零，而是逐渐减小。为此，在无切入情况下，增加进给次数，使磨削深度逐渐趋于零，磨削火花逐渐消失。与此同时，工件的精度和表面质量在逐渐提高。

因此，在开始磨削时，可采用较大的径向进给量；压缩初磨和稳定阶段，以提高生产效率；适当增长光磨时间，可更好地提高工件的表面质量。

3. 磨削力与磨削温度

（1）磨削力　如图 3-127 所示，磨削力 F 可分解为互相垂直的三个分力：切向分力 F_y、

径向分力 F_x 和轴向分力 F_z。由于磨削时切削厚度很小，磨粒上的刃口钝圆半径相对较大，绝大多数磨粒均呈负前角，所以三个方向分力中，径向分力 F_x 最大，约为 F_y 的 2 ~ 4 倍。各个磨削分力的大小随磨削过程的各个磨削阶段而变化，径向磨削力直接影响磨削工艺系统的变形和磨削加工精度。

（2）磨削热　磨削时，由于磨削速度很高，切削厚度很小，切削刃很钝，所以切除单位体积切削层所消耗的功率为车、铣等切削方法的 10 ~ 20 倍。磨削所消耗能量的大部分转变为热能，使磨削区升温。

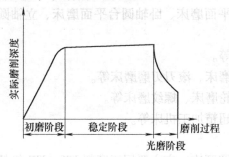

图 3-126　磨削过程的三个阶段

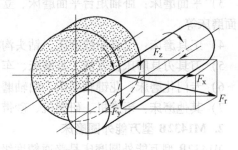

图 3-127　磨削刀

磨削温度常用磨粒磨削点温度和磨削区温度来表示。磨削点温度是指磨削时磨粒切削刃与工件、磨屑接触点的温度。磨削点温度非常高（可达 1000 ~ 1400℃），它不但影响表面加工质量，而且对磨粒磨损以及切屑熔着现象也有很大的影响。砂轮磨削区温度就是通常所说的磨削温度，是指砂轮与工件接触面上的平均温度，约在 400 ~ 1000℃ 之间，它是产生磨削表面烧伤、残余应力和表面裂纹的原因。

磨削过程中产生大量的热，使被磨削表面层金属产生高温相变，从而发生硬度与塑性改变，这种表层变质现象称为表面烧伤。高温的磨削表面生成一层氧化膜，氧化膜的颜色决定于磨削温度和变质层深度，所以可以根据表面颜色来推断磨削温度和烧伤程度。如淡黄色约为 400 ~ 500℃，烧伤深度较浅；紫色约为 800 ~ 900℃，烧伤层较深。轻微的烧伤经酸洗会显示出来。

表面烧伤损坏了零件表层组织，影响零件的使用寿命。避免烧伤的办法是要减少磨削热和加速磨削热的传散，可采取如下措施：

1）合理选用砂轮。选择合理的磨粒类型，选择硬度较软、组织疏松的砂轮，并及时修整。大气孔砂轮散热条件好，不易堵塞，能有效地避免烧伤。树脂结合剂砂轮退让性好，与陶瓷结合剂砂轮相比，不易使工件烧伤。

2）合理选择磨削用量。磨削时砂轮切入量对磨削温度影响量大；提高砂轮速度，使摩擦速度增大，消耗功率增多，从而使磨削温度升高；提高工件的圆周进给速度和工件轴向进给量，使工件和砂轮接触时间减少，能降低磨削温度，可减轻或避免表面烧伤。

3）加强冷却措施。选用冷却性能好的切削液和较大的流量，采用冷却效果好的冷却方式，如喷雾冷却等，可以有效地避免烧伤。

3.6.4　普通磨床

用磨料磨具（砂轮、砂带、磨石和研磨料）作为工具对工件进行磨削加工的机床统称为磨床。随着现代机械对零件质量要求的不断提高，各种高硬度材料的应用日益增多，而且精度较高的毛坯可不经切削粗加工而直接由磨削加工成成品，因此磨床占金属切削加工机床的比重不断上升。

1. 磨床的类型

常见的磨床类型有：

1）外圆磨床：万能外圆磨床、普通外圆磨床、无心外圆磨床等。

2）内圆磨床：普通内圆磨床、行星内圆磨床、无心内圆磨床等。

3）平面磨床：卧轴矩台平面磨床、立轴矩台平面磨床、卧轴圆台平面磨床、立轴圆台平面磨床等。

4）工具磨床：工具曲线磨床、钻头沟槽磨床等。

5）刀具刃具磨床：万能工具磨床、车刀刃磨磨床、滚刀刃磨磨床等。

6）专门化磨床：花键轴磨床、曲轴磨床、齿轮磨床、螺纹磨床等。

7）其他磨床：珩磨机、研磨机、砂带磨床、超精加工机床等。

2. M1432B 型万能外圆磨床

M1432B 型万能外圆磨床是普通精度级万能外圆磨床，它主要用于磨削 IT6 ~ IT7 级精度的内外圆柱、圆锥表面，还可磨削阶梯轴的轴肩、端平面等，磨削表面粗糙度值为 $Ra1.25 ~ 0.08\mu m$。

（1）机床组成　如图 3-128 所示为 M1432B 型万能外圆磨床的外形图，其主要部件有：

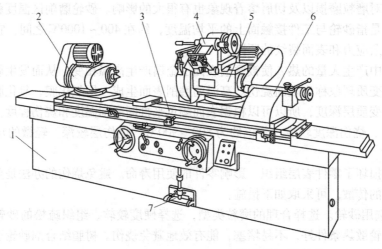

图 3-128　M1432B 型万能外圆磨床
1—床身　2—头架　3—工作台　4—内磨装置
5—砂轮架　6—尾座　7—脚踏操纵板

1）床身：床身是磨床的基础支承件，其上装有工作台、砂轮架、头架、尾座等部件。床身的内部用作液压油的油池。

2）头架：用于安装及夹持工件，并带动工件旋转。

3）工作台：由上下两层组成，上工作台可相对于下工作台在水平面内回转一个角度（±10°），用于磨削锥度较小的长圆锥面。工作台上装有头架与尾座，它们随工作台一起做纵向往复运动。

4）内磨装置：主要由支架和内圆磨具两部分组成。内圆磨具是磨内孔用的砂轮主轴部件，它做成独立部件安装在支架孔中，可以方便地进行更换。通常每台磨床备有几套尺寸与极限工作转速不同的内圆磨具。

5）砂轮架：用于支承并传动高速旋转的砂轮主轴，当需磨削短锥面时，砂轮架可以在水平面内调整至一定角度（±30°）。

6）尾座：和前顶尖一起支承工件。

图 3-129 所示为 M1432B 型万能外圆磨床的传动系统图。

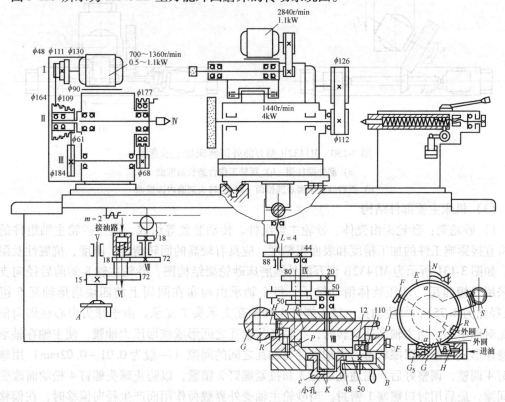

图 3-129　M1432B 型万能外圆磨床的传动系统图

（2）磨削方式　如图 3-130 所示为 M1432B 型万能外圆磨床加工示意图。该磨床可以磨削内外圆柱面、圆锥面。其基本磨削方法有两种，即纵向磨削法和横向磨削法（又称为切入磨削法）。

1）纵向磨削法（图 3-130a、b、d）：磨削时，需要三个运动：①砂轮的旋转运动 n_c 为主运动；②工件纵向进给运动 f_a；③工件旋转运动（也称为圆周进给运动）n_w。

2）切入磨削法（图 3-130c）：磨削时，只需要两个表面成形运动：①砂轮的旋转运动 n_c；②工件的旋转运动 n_w。

机床除上述表面成形运动外，还需要有砂轮架的横向进给运动 f_r（纵磨法单位为 mm/双行程或 mm/单行程，切入磨削法单位为 mm/min）和辅助运动（如砂轮架的快进、快退、尾座套筒的伸缩等）。

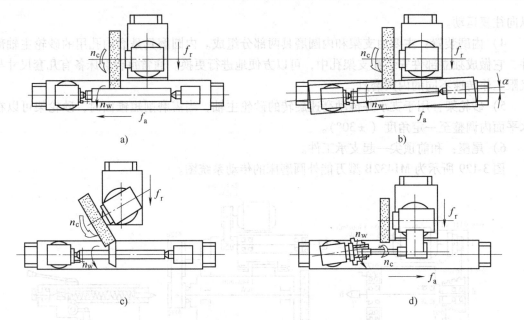

图 3-130   M1432B 型万能外圆磨床加工示意图

a) 磨外圆柱面   b) 扳转工作台磨长圆锥面
c) 扳转砂轮架磨短圆锥面   d) 扳转头架磨内圆锥面

（3）机床主要部件结构

1）砂轮架：砂轮架由壳体、砂轮主轴组件、传动装置等组成，其中砂轮主轴组件的结构将直接影响工件的加工精度和表面粗糙度，应具有较高的回转精度、刚度、抗震性及耐磨性。如图 3-131 所示为 M1432B 型万能外圆磨床砂轮架结构图，砂轮主轴 8 的前后径向支承均采用"短四瓦"动压液体滑动轴承。每个轴承由均布在圆周上的四块扇形轴瓦 5 组成（长径比为 0.75），每块轴瓦由球头螺钉 4 和轴瓦支承头 7 支承。由于球头中心在周向偏离轴瓦对称中心，当主轴高速旋转时，在轴径与轴瓦之间形成楔形压力油膜，使主轴在轴承中心悬浮形成纯液体摩擦状态。主轴轴径与轴瓦之间的间隙（一般为 $0.01 \sim 0.02\text{mm}$）用球头螺钉 4 调整，调整好后，用通孔螺钉 3 和拉紧螺钉 2 锁紧，以防止球头螺钉 4 松动而改变轴承间隙，最后用封口螺塞 1 密封。当砂轮主轴受外界载荷作用而产生径向偏移时，在偏移方向处楔形缝隙变小，油膜压力升高，而相反方向的楔形缝隙增大，油膜压力减小，于是便产生了一个使砂轮主轴对中的趋势。由此可见，这种轴承具有较高的回转精度和刚度。这类主轴部件只有在某一回转方向、较高转速下才能够形成压力油膜，承受载荷。

砂轮主轴的轴向定位方式是：向右进给力通过主轴右端轴肩作用在轴承盖 9 上，向左进给力通过带轮 13 上的六个螺钉 12，经弹簧 11 和销子 10 以及推力球轴承，最后传递到轴承盖 9 上。弹簧 11 可用来给推力球轴承预加载荷。

砂轮的圆周速度很高，为了保证砂轮运转平稳，安装在主轴上的零件都要经过严格平衡，特别是砂轮。平衡砂轮的方法是：首先将砂轮夹紧在砂轮法兰上，通过调整法兰环形槽中的三个平衡块的位置，使砂轮及法兰处于平衡状态，然后将其装于砂轮主轴上。此外，砂轮周围必须安装防护罩，以防止意外破裂时损伤工人及设备。

2）内磨装置：如图 3-132 所示为内圆磨头装配图。内磨装置以铰链联接方式安装在砂轮架前上方。使用时翻下，不用时翻向上方。内圆磨削时，要求砂轮轴具有很高的转速，因此要求内圆磨具在高转速下运动平稳,主轴轴承具有足够刚度和寿命。该内圆磨具主轴支承采用4个 D 级精度的角接触球轴承,采用弹簧3预紧,预紧力大小通过主轴后端螺母调节。当主轴热膨胀伸长或者轴承磨损时,弹簧能自动补偿,并保持稳定的预紧力,使主轴轴承的刚度和寿命得以保证。轴承用锂基润滑脂润滑,当被磨削内孔长度改变时,接长杆1可以更换。

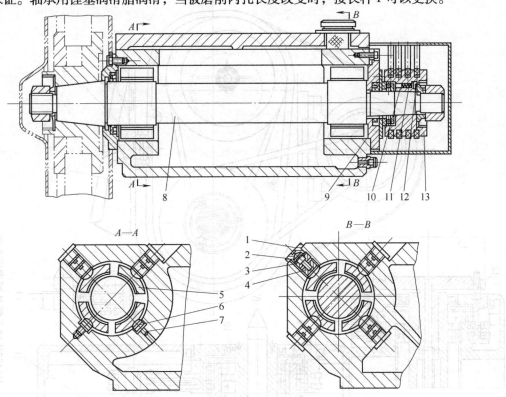

图 3-131　M1432B 型万能外圆磨床砂轮架结构图

1—封口螺塞　2—拉紧螺钉　3—通孔螺钉　4—球头螺钉　5—轴瓦　6—密封圈
7—轴瓦支承头　8—砂轮主轴　9—轴承盖　10—销子　11—弹簧　12—螺钉　13—带轮

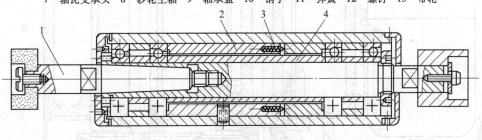

图 3-132　内圆磨头装配图

1—接长杆　2、4—套筒　3—弹簧

3) 头架:如图 3-133 所示为 M1432B 型万能外圆磨床头架,主要由壳体、头架主轴及轴承、工件传动装置、底座等组成。其作用是带动工件旋转,实现工件的圆周进给运动。头架主轴10支承在4个 D 级精度的角接触球轴承上,通过修磨垫圈4、5和9的厚度,对轴承进行预紧,保证主轴部件的刚度和旋转精度。双速电动机经塔轮变速机构和两组带轮带动工件转动。主轴上的带轮采用卸荷装置,使主轴不承受带的张力,有利于保证加工精度。

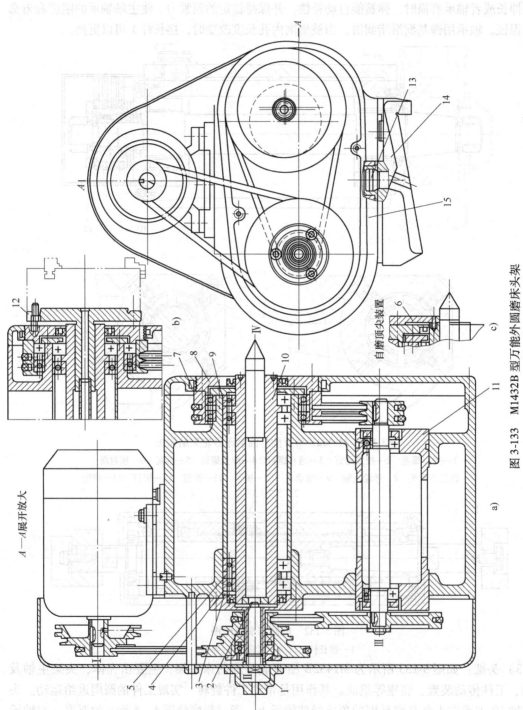

图 3-133　M1432B 型万能外圆磨床头架

A—A 展开放大

a)　b)　c)

1—螺杆　2—摩擦环　3,4,5,9—垫圈　6—连接板　7—带轮　8—拨盘　10—头架主轴　11—偏心套　12—法兰盘　13—柱销　14—底座　15—壳体

自磨顶尖装置

　　根据具体需要，头架主轴有三种工作方式：

　　①工件支承在前后顶尖上，由与带轮 7 联接的拨盘 8 拨动夹紧在工件上的鸡心卡头使工件旋转，这时头架主轴和前顶尖固定不动，常称固定顶尖。这种装夹方式避免了主轴旋转误差的影响，有利于提高工件的旋转精度及主轴部件的精度。固定主轴的方法是：拧紧螺杆 1 顶紧摩擦环 2 （图 3-133a），使主轴和顶尖固定不动。

　　②用自定心或单动卡盘夹持工件磨削时，应松开螺杆 1，使主轴可以自由转动。卡盘装在法兰盘 12 上，而法兰盘以其锥柄安装在主轴锥孔内，并通过拉杆拉紧。旋转运动由拨盘 8 上的螺钉传给法兰盘 12，同时主轴也随着一起旋转 （图 3-133b）。

　　③自磨主轴顶尖或其他带莫氏锥体的工件时，可直接插入主轴锥孔中，由拨盘通过连接板 6 带动主轴旋转，此时也应将主轴放松，如图 3-133c 所示。

　　4）尾座：尾座的功用是利用安装在尾座套筒上的顶尖 （后顶尖），与头架主轴上的前顶尖一起支承工件，实现工件定位。尾座利用弹簧力顶紧工件，以实现磨削过程中工件因热膨胀而伸长时的自动补偿，避免引起工件的弯曲变形和顶尖孔的过分磨损。尾座套筒的退回可以手动，也可以利用液压驱动。

3.6.5　先进磨削技术简介

　　随着人们对产品要求的提高和科技发展，磨削加工技术正朝着使用超硬磨料磨具、开发精密及超精密磨削、高速、高效磨削工艺及研制高精度、高刚度的自动化磨床方向发展。

1. 精密及超精密磨削

　　精密磨削是指加工精度为 $1 \sim 0.1\mu m$、表面粗糙度达到 $Ra0.2 \sim 0.01\mu m$ 的磨削方法，而强调表面粗糙度值在 $Ra0.01\mu m$ 以下，表面光泽如镜的磨削方法，称为镜面磨削。

　　精密磨削主要靠砂轮的精细修整，使磨粒在微刃状态下进行加工，从而得到小的表面粗糙度值。微刃的数量很多且具有很好的等高性，因此能使被加工表面留下大量极微细的磨削痕迹，残留高度极小，加上无火花磨削的阶段，在微切削、滑挤、抛光、摩擦等作用下使表面获得高精度。磨粒上的大量等高微刃要通过金刚石修整工具以极低的进给 （10 ~ 15mm/min） 精细修整而得到。

　　因此，在实际工作中，应选用具有高几何精度、高横向进给精度、低速稳定性好的精密磨床，用粗粒度砂轮 （46 号 ~ 80 号），经过精细修整，无火花磨削 5 ~ 6 次单行程，再用细粒度砂轮 （240 号 ~ W7），无火花磨削 5 ~ 15 次，以充分发挥磨粒微刃的微切削作用和抛光作用。

　　超精密磨削是指加工精度达到 $0.1\mu m$ 级，而表面粗糙度值在 $Ra0.01\mu m$ 以下的磨削方法。加工精度为 $10^{-2} \sim 10^{-3}\mu m$ 时为纳米工艺。超精密加工的关键是最后一道工序要从工件表面上除去一层小于或等于工件最后公差等级的表面层。因此，要实现超精密加工，首先要减少磨粒单刃切除量，而使用微细或超微细磨粒是减少单刃切除量的最有效途径。实现超精密磨削是一项系统工程，包括研制高速高精度的磨床主轴、导轨与微进给机构，精密的磨具及其平衡与修整技术，以及磨削环境的净化与冷却方式等。超精密磨削多使用金刚石或CBN （立方氮化硼） 微粉磨具。早期超精密镜面磨削多使用树脂结合剂磨具，借助其弹性使磨削过程稳定。近年来，随着铸铁结合剂金刚石砂轮和电解在线修整技术的开发，使超精镜面磨削日臻成熟。

精密量块、半导体硅片等零件的最后一道工序常采用超精密研磨，而软粒子研磨和抛光是属于超精密的光整工艺，它通常包括弹性发射加工和机械化学研磨或抛光两种加工方法。弹性发射加工的最小去除量可达原子级，即小于 10A（0.001μm），直至切去一层原子，而且能使被加工表面的晶格不变形，保证得到极小的表面粗糙度值和材质极纯的表面。机械化学研磨或抛光的加工是借助研磨抛光液中的添加剂对被加工表面产生的化学作用，使工件表面产生一薄层易于被磨料或研具擦去的材料，实现精密加工。

2. 高效磨削

（1）高速磨削　高速磨削是通过提高砂轮线速度来达到提高磨削去除率和磨削质量的工艺方法。一般砂轮线速度高于 45m/s 就属于高速磨削。过去由于受砂轮回转破裂速度的限制，以及磨削温度高和工件表面烧伤的制约，高速磨削长期停滞在 80m/s 左右。随着 CBN 磨料的广泛应用和高速磨削机理研究的深入，现在工业上实用磨削速度已达到 150～200m/s，实验室中达到 400m/s，并得到了令人惊喜的效果。

高速磨削的优点是：在一定的单位时间磨除量下，当砂轮线速度提高时，磨粒的切削厚度变薄，使得单个磨粒的负荷减轻，砂轮耐用度提高；磨削表面粗糙度值减小；法向磨削力减小，工件精度提高。如果砂轮磨粒切削厚度保持一定，则在砂轮线速度提高时，单位时间磨除量可以增加，生产率得以提高。

（2）缓进给大切深磨削　缓进给大切深磨削又称深槽磨削或蠕动磨削。它是以较大的磨削深度（可达 30mm）和很低的工作台进给（3～300mm/min）进行磨削。经一次或数次磨削即可达到所需要的尺寸精度，适于磨削高强度、高韧性材料，如耐热合金、不锈钢等工件的型面、沟槽等。目前国外还出现了一种称为 HEDG（High Efficiency Deep Grinding）的超高速深磨技术。它的磨削工艺参数集超高速（达 150～250m/s）、大切深（0.1～30mm）、快进给（0.5～10m/min）于一体，采用立方氮化硼砂轮和计算机数字控制，其功效已远高于普通的车削或铣削。

（3）砂带磨削　用高速运动的砂带作为磨削工具，磨削各种表面的方法称为砂带磨削。砂带的结构由基体、结合剂和磨粒组成，每颗磨粒在高压静电场的作用下直立在基体上，均匀间隔排列。砂带磨削的优点是：

1）生产率高：砂带上的磨粒颗颗锋利，切削量大；砂带宽，磨削面积大，生产率比用砂轮磨削高 5～20 倍。

2）磨削能耗低：由于砂带重量轻，接触轮与张紧轮尺寸小，高速转动惯量小，功率损失很小。

3）加工质量好：它能保证恒速工作，不需修整，磨粒锋利，发热少，砂带散热条件好，能保证高精度和小的表面粗糙度值。

4）砂带柔软，能贴住成形表面进行磨削，因此适于磨削各种复杂的型面。

5）砂带磨床结构简单，操作安全。

其缺点是砂带消耗较快，砂带磨削不能加工小直径孔、不通孔，也不能加工阶梯外圆和齿轮。

3. 磨削自动化

（1）数控磨床　数控磨床在我国正逐渐应用和普及。利用磨削加工中心（GC）具有的数控功能，进行三轴同时控制，可磨削加工三维复杂表面，实现磨削加工的复合化与集约化。三维形状的 GC 磨削如图 3-134 所示。其主要技术内容如下：

1）控制功能：除具有其他数控设备高性能的数控系统以外，高精密伺服技术是重要环节，采用完全数字式伺服系统，使机床在高速送进时达到高精度控制。

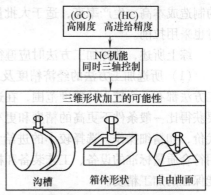

图 3-134　三维形状的 GC 磨削

2）机械结构：①砂轮轴、主轴高速化、高刚性、高精度化，磨床主轴的高速化采用空气轴承及磁力轴承支承，特别是磁力轴承在超高速磨削中优点突出；②导轨，高性能的磨床导轨主要采用油静压导轨和空气静压导轨。

3）热变形对策：热变形对策是进行高精度化、系统自动化磨削加工中的主要技术，一般采用减少发热、隔离、热对称结构、应用低膨胀材料、环境恒温控制、控制软件等措施。

4）砂轮、工件的自动交换：包括砂轮（工具）高精度自动交换，砂轮自动修整和整形技术，工具寿命判定及磨损补偿；工件高精度自动交换。

（2）磨削加工智能化　磨削过程是一个多变量影响过程，对其信息的智能化处理和决策，是实现柔性自动化和最优化的重要基础。目前磨削中人工智能的主要应用包括磨削过程建模、砂轮及磨削参数合理选择、磨削过程监测预报和控制、自适应控制优化、智能化工艺设计和智能工艺库等方面。

近几年来，磨削过程建模、模拟和仿真技术有很大的发展，并已达到实用水平。在磨削过程智能监测方面，声发射技术应用较多，它与力、尺寸、表面完整性微观参数的测量相结合，通过"中性网络"和"模糊推理"对磨削过程已能提取全面的在线信息，已用于过程监测与控制。此外，神经网络系统、自适应控制、磁力轴承轴心偏移实施补偿、分子动力学计算机仿真等均有一定的发展。

3.7　零件表面加工方法的选择

组成零件的各种典型表面，如外圆面、孔、平面、成形面和齿轮齿面等，都要求达到一定的技术要求，如尺寸精度、形位精度和表面质量等。零件表面的类型和要求不同，采用的加工方法也不一样。加工时必须根据具体情况，选择最合适的加工方法，即在保证加工质量的前提下，选择生产率高且加工成本低的加工方法。

零件表面加工方法的选择除了要考虑其类型和技术要求外，还应考虑如下因素：

1）工件材料的性质：各种加工方法对工件材料及其热处理状态有不同的适用性，如淬硬钢的精加工一般都要用磨削；而硬度太低的材料磨削时容易堵塞砂轮，所以有色金属的精加工要采用精细车、精细镗等。

2）工件的结构形状与尺寸：工件的结构形状与尺寸涉及工件的装夹与切削运动方式，对加工方法的限制较多。如孔的加工方法有多种，但箱体等较大的零件不宜采用磨和拉，普通内圆磨床只能磨套类零件的孔，铰削加工适于较小且有一定深度的孔，车削加工适于回转体轴线上的孔等。

3）生产率和经济性要求：各种加工方法的生产率有很大差异，选择加工方法要与生产类型相适应。如非圆内表面的加工方法有拉削和插削，但小批量生产主要适宜用插削。拉刀的制造成本高、生产率高，适于大批量生产。但也有例外，花键孔为保证其精度，小批生产时也采用拉削。

综上所述，选择加工方法时应遵循以下原则：

（1）所选加工方法的经济精度及表面粗糙度值要与加工表面的要求相适应　每一种加工方法都有一个较大的精度范围，在这精度范围内该加工方法的加工成本是经济合理的。但要获得比一般条件下更高的精度和更小的表面粗糙度值，就需要以增大成本和降低生产率为代价，如精细操作，选择较小的进给量等。所谓经济加工精度是指在正常加工条件下（采用符合质量标准的设备、工艺装备和标准技术等级工人，不延长加工时间），该加工方法所能保证的加工精度。

（2）几种不同加工方法配合选用　实际生产中，对于某一种零件的加工，往往不是在一台机床用一种加工方法完成的，而要根据零件的尺寸、形状、技术要求和生产批量，结合各种加工方法的工艺方法特点和适用范围及现有设备条件，综合考虑生产效率和经济效益，拟定合理的加工方案，将几种加工方法相配合，逐步完成零件各种表面的加工。

（3）粗、精加工要分开　对于要求较高的零件表面，往往需要多次加工才能逐步实现。为保证零件表面的加工质量和生产效率，加工过程需要分阶段进行，即划分加工阶段。加工阶段一般分为粗加工、半精加工和精加工三个阶段。具体原因如下：

1）粗加工的目的是要求生产率高，在尽量短的时间内切除大部分余量，并为进一步加工提供定位基准及合适的余量；半精加工的目的是继续切除剩余的部分余量，使加工表面达到一定的精度要求，为精加工做好准备；精加工的目的是对零件的主要表面进行最终加工，使其获得符合精度和表面粗糙度要求的表面。粗加工时，由于背吃刀量和进给量较大，产生的切削力和所需夹紧力也较大，故工艺系统的受力变形较大；又因粗加工切削温度高，也将引起工艺系统较大的热变形；此外，毛坯有内应力存在，还会因切除较厚一层金属，使内应力重新分布而发生变形，这都将破坏已加工表面的精度。因此，只有粗、精加工分开，在粗加工后再进行精加工，才能保证工件表面的质量要求。

2）先安排粗加工，可及时发现毛坯的缺陷（如铸铁的砂眼、气孔、裂纹、局部余量不足等），以便及时报废或修补，避免继续加工造成浪费。

3）可以合理地使用机床设备，有利于精密机床保持其精度。

（4）所选加工方法要与零件材料的切削加工性及产品的生产类型相适应。

3.7.1　外圆柱面的加工

1. 外圆柱面的技术要求

外圆柱面的技术要求有：外圆表面本身的尺寸精度；外圆表面的形状精度（圆度、圆柱度等）；外圆表面与其他表面的位置精度（与内圆表面之间的同轴度、与端面之间的垂直度等）；表面质量（如表面粗糙度、表面残余应力、表面加工硬化等）。

2. 外圆柱表面的加工方法选择

外圆柱面的加工方法主要有：车削、磨削、精密磨削、研磨和超级光磨。外圆表面的各种加工方法所能达到的精度、表面粗糙度值见表3-11。

表 3-11　外圆表面的加工方案

序号	加工方法	经济精度（公差等级）	经济表面粗糙度值 Ra/μm	适用范围
1	粗车	IT11 ~ IT13	12.5 ~ 50	除淬硬钢以外的各种金属
2	粗车-半精车	IT8 ~ IT10	3.2 ~ 6.3	
3	粗车-半精车-精车	IT7 ~ IT8	0.8 ~ 1.6	
4	粗车-半精车-磨削	IT7 ~ IT8	0.4 ~ 0.8	不易加工有色金属或硬度太低的金属
5	粗车-半精车-粗磨-精磨	IT6 ~ IT7	0.1 ~ 0.4	
6	粗车-半精车-粗磨-精磨-超精加工	IT5	0.012 ~ 0.1	
7	粗车-半精车-精车-精细车	IT6 ~ IT7	0.025 ~ 0.4	精度和表面粗糙度要求很高的有色金属
8	粗车-半精车-粗磨-精磨-超精磨（或镜面磨）	IT5 以上	0.006 ~ 0.025	精度和表面粗糙度要求极高的外圆
9	粗车-半精车-粗磨-精磨-研磨	IT5 以上	0.006 ~ 0.1	

3.7.2　孔的加工

1. 孔的技术要求

孔的技术要求主要有：孔的尺寸精度；孔的形状精度（圆度、圆柱度）和位置精度（如孔与孔、孔与外圆的同轴度，孔的轴线与平面或端面之间的平行度或垂直度）；孔的表面质量（如孔的表面粗糙度、表面残余应力、表面加工硬化等）。

2. 孔的加工方法选择

孔的主要加工方法有：钻、扩、铰、镗、拉、磨、电解加工、电火花加工、超声波加工、激光加工等。孔的各种加工方法所能达到的精度、表面粗糙度见表 3-12。

表 3-12　孔的加工方案

序号	加工方法	经济精度（公差等级）	经济表面粗糙度值 Ra/μm	适用范围
1	钻	IT11 ~ IT13	12.5	除淬硬钢外的实心毛坯，孔径小于 15 ~ 20mm
2	钻-铰	IT8 ~ IT10	1.6 ~ 6.3	
3	钻-粗铰-精铰	IT7 ~ IT8	0.8 ~ 1.6	
4	钻-扩	IT10 ~ IT11	6.3 ~ 12.5	除淬硬钢外的实心毛坯，孔径大于 15 ~ 20mm
5	钻-扩-铰	IT8 ~ IT9	1.6 ~ 3.2	
6	钻-扩-粗铰-精铰	IT7	0.8 ~ 1.6	
7	钻-扩-机铰-手铰	IT6 ~ IT7	0.2 ~ 0.4	
8	钻-拉	IT7 ~ IT9	0.8 ~ 1.6	大批量生产
9	粗镗（或扩孔）	IT11 ~ IT13	6.3 ~ 12.5	除淬硬钢外各种材料，毛坯上已有孔
10	粗镗（或粗扩）-半精镗（精扩）	IT9 ~ IT10	1.6 ~ 3.2	
11	粗镗（或粗扩）-半精镗（精扩）-精镗（铰）	IT7 ~ IT8	0.8 ~ 1.6	
12	粗镗（或粗扩）-半精镗（精扩）-精镗-浮动镗	IT6 ~ IT7	0.4 ~ 0.8	

（续）

序号	加 工 方 法	经济精度 （公差等级）	经济表面粗糙 度值 $Ra/\mu m$	适用范围
13	粗镗（或粗扩）-半精镗-磨孔	IT7 ~ IT8	0.2 ~ 0.8	硬度很低的材料和有色金属除外
14	粗镗（或粗扩）-半精镗-粗磨-精磨	IT6 ~ IT7	0.1 ~ 0.2	
15	粗镗（或粗扩）-半精镗-精镗-精细镗	IT6 ~ IT7	0.05 ~ 0.4	精度和粗糙度要求很高的有色金属
16	钻-（扩）-粗铰-精铰-珩磨 钻-（扩）-拉-珩磨 粗镗-半精镗-精镗-珩磨	IT6 ~ IT7	0.025 ~ 0.2	精度和粗糙度要求很高的孔,有色金属孔
17	以研磨代替上格中的珩磨	IT5 ~ IT6	0.006 ~ 0.1	

3.7.3　平面的加工

1. 平面的技术要求

平面的技术要求主要有：平面本身的尺寸精度；平面的形状精度（平面度）和位置精度（如平面与平面、外圆轴线、内孔轴线的平行度或垂直度）；平面的表面质量（如表面粗糙度、表面残余应力、表面加工硬化等）。

2. 平面加工方法的选择

平面的加工方法有：铣削、刨削、磨削、车削、拉削等，其中以铣削和刨削为主。平面的各种加工方法所能达到的经济精度、表面粗糙度见表 3-13。

表 3-13　平面的加工方案

序号	加 工 方 法	经济精度 （公差等级）	经济表面粗糙 度值 $Ra/\mu m$	适用范围
1	粗车	IT11 ~ IT13	12.5 ~ 50	端面
2	粗车-半精车	IT8 ~ IT10	3.2 ~ 6.3	
3	粗车-半精车-精车	IT7 ~ IT8	0.8 ~ 1.6	
4	粗车-半精车-磨削	IT6 ~ IT8	0.2 ~ 0.8	
5	粗铣（刨）	IT11 ~ IT13	6.3 ~ 25	不淬硬平面
6	粗铣（刨）-精铣（刨）	IT8 ~ IT10	1.6 ~ 6.3	
7	粗铣（刨）-精铣（刨）-刮研	IT6 ~ IT7	0.1 ~ 0.8	精度要求较高的不淬硬平面
8	粗铣（刨）-精铣（刨）-宽刃精刨	IT7	0.2 ~ 0.8	
9	粗铣（刨）-精铣（刨）-磨削	IT7	0.2 ~ 0.8	精度要求较高、硬度不很低的平面
10	粗铣（刨）-精铣（刨）-粗磨-精磨	IT6 ~ IT7	0.025 ~ 0.4	
11	粗铣-拉	IT7 ~ IT9	0.4 ~ 1.6	大批量生产小平面
12	粗铣-精铣-磨削-研磨	IT5 以上	0.006 ~ 0.1	高精度平面

※　思考题和练习题

3-1　简述车削加工的工艺特点及应用。

3-2　简述车床的类型及各自适应的加工场合。

3-3　工件在车床上的安装方法有哪些？各自的应用场合如何？

3-4　简述 CA6140 型车床主运动传动路线，计算主轴的最高与最低转速，并分析车床进给运动的传动路线。

3-5　简述数控车床的加工特点。

3-6　数控车床的组成与结构有何特点？适用于何种加工对象？

3-7　车刀有哪些类型？各自适用于哪些加工场合？

3-8　车床上车锥面的方法有哪几种？各自适合于何种场合？

3-9　简述铣削加工工艺特点及应用。

3-10　铣削用量包括哪几项？试举例说明。

3-11　铣床主要有哪些类型？各用于什么场合？

3-12　镗铣加工中心与普通铣床相比功能上有何特点？

3-13　常用铣刀有哪些？各自的应用场合是什么？

3-14　成批和大量生产中，铣削平面常采用端铣法还是周铣法？为什么？

3-15　工件在铣床上的安装方法有哪些？各自的应用场合如何？

3-16　简述刨削、插削加工的工艺特点与应用。

3-17　试分析下列机床在结构上的区别：牛头刨床与插床；牛头刨床与龙门刨床；龙门刨床与龙门铣床。

3-18　在牛头刨床上如何加工 T 形槽和燕尾槽？

3-19　试比较刨削加工与铣削加工在加工平面和沟槽时各自的特点。

3-20　工件在刨床上的安装方法有哪些？各自的应用场合是什么？

3-21　一般情况下，刨削的生产率为什么比铣削低？

3-22　拉削加工的特点是什么？拉削加工适用于什么场合？

3-23　简述拉刀的种类及其结构特点。

3-24　拉削加工的运动有何特殊之处？

3-25　简述钻、扩、铰削加工的工艺特点及应用。

3-26　简述麻花钻各部分及其作用。

3-27　麻花钻钻心的正锥和外廓直径的倒锥有何意义？

3-28　为什么用扩孔钻扩孔比用钻头扩孔的质量好？

3-29　在车床上钻孔或在钻床上钻孔，由于钻头弯曲都会产生"引偏"，它们对所加工的孔有何不同的影响？如何防止？在随后的精加工中，哪一种比较容易纠正？

3-30　简述钻床的类型及各自适应的加工场合。

3-31　简述镗削加工的工艺特点及应用。

3-32　卧式铣镗床有哪些运动？它能完成哪些加工工作？

3-33　简述坐标镗床的特点和用途。

3-34　钻床和镗床在加工工艺上有什么不同？

3-35　镗床镗孔与车床镗孔有何不同？各自适合于何种场合？

3-36　简述镗刀的种类及其应用。

3-37　简述齿形加工的原理与方法。

3-38　加工模数 $m = 3\text{mm}$ 的直齿圆柱齿轮，齿数 $z_1 = 26$，$z_2 = 34$，试选择盘形齿轮铣刀的刀号。在相同的切削条件下，哪个齿轮的加工精度高？为什么？

3-39　齿轮刀具如何获得齿轮啮合时的齿顶间隙？

3-40　何谓齿轮滚刀的基本蜗杆？齿轮滚刀与基本蜗杆有何相同与不同之处？

3-41　齿轮滚刀的前角和后角是怎样形成的？

3-42　为何说插齿刀相当于一个变位齿轮？

3-43　插齿刀的前角对切齿过程有什么影响？

3-44　为何剃齿的加工精度高于滚齿和插齿？

3-45　为何剃齿时不必像滚齿和插齿那样对刀具与工件间的传动比有严格要求？

3-46　滚齿、插齿和剃齿加工各有何特点？

3-47　插齿刀有哪几种结构形式？

3-48　齿轮滚刀的容屑槽形式、直径和螺纹升角、头数等结构参数的变化，对滚齿加工和滚齿精度有何影响？

3-49　Y3150E 型滚齿机有哪些运动传动链？各有什么作用？

3-50　数控滚齿机有何特点？

3-51　磨齿加工有几种方法？各自的原理和特点是什么？

3-52　简述磨削类型、特点及适用加工对象？

3-53　砂轮的特性主要取决于哪些因素？如何在其代号中体现？如何进行选择？

3-54　磨削过程分哪三个阶段？如何按此规律来提高磨削生产率和减小表面粗糙度值。

3-55　何谓表面烧伤？如何避免？

3-56　人造金刚石砂轮和立方氮化硼砂轮各有何特性？分别适用于磨削哪些材料？

3-57　磨削 45 钢、灰铸铁等一般材料时，如何调整磨削用量，才能使工件表面粗糙度值较小。

3-58　试分析 M1432B 型磨床砂轮主轴轴承的工作原理。

3-59　万能外圆磨床上磨削圆锥面有哪几种方法？各适于何种情况？机床如何调整？

3-60　试分析磨削内孔的特点。

3-61　简述无心外圆磨床的磨削特点。

3-62　简述磨削外圆、平面时，工件和砂轮需要做哪些运动。

第4章 零件的结构工艺性

【导读】 在理解零件的结构工艺性概念的基础上，明确零件在切削加工及装配过程中对结构工艺性的要求。通过对零件的结构工艺性应用实例的学习，能够判断零件结构工艺的合理性，并具有合理设计零件结构的能力。

4.1 概述

零件的结构工艺性是指零件制造和装配时的可行性和经济性。零件本身的结构，对加工质量、生产效率和经济效益有着重要影响。为了获得较好的技术经济效果，在设计零件结构时，不仅要考虑满足使用要求，还应当考虑是否能够制造和便于制造。如果根据使用要求所设计的零件结构，在毛坯生产、切削加工、热处理等生产阶段都能用高效率、低成本的方法制造出来，并便于装配和拆卸，则说明该零件具有良好的结构工艺性。具体来讲，要使零件在切削加工过程中有良好的工艺性，应考虑以下几方面问题：

1）满足使用要求。这是设计、制造零件的根本目的，是考虑零件结构工艺性的前提。

2）零件结构工艺性的优劣随生产条件的不同而异。在进行零件的结构设计时，必须考虑现有设备条件、生产类型和技术水平等生产条件。例如，如图4-1a所示的铣床工作台的T形槽，在单件、小批量生产时，其结构工艺性良好，但在大批、大量生产时，则不便在龙门刨床上一次同时加工若干个工件，若将结构改为如图4-1b所示的形式，则可多件同时加工，提高了生产效率。

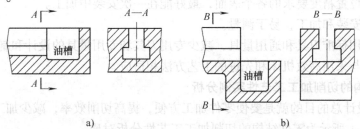

图4-1 铣床工作台结构

3）零件的结构工艺性与发展着的科学技术设备和先进工艺方法相适应。零件结构工艺性的好坏是相对的，如图4-2a所示阀套上精密方孔的加工，为保证方孔之间的尺寸公差要求，过去将阀套分成五个圆环分别加工，待方孔间的尺寸精度达到要求后再联系起来，当时认为这样的结构工艺性是好的，但随着电火花加工精度的不断提高，把原来的五个圆环组装为整体机构，如图4-2b所示，用四个电极同时把方孔加工出来，也能保证加工精度。这样，即提高了生产率，又降低了加工成本，所以这种整体结构的工艺性也是好的。

4）统筹兼顾、全面考虑。产品的制造包括毛坯生产、切削加工、热处理和装配等工艺过程，这些过程都是有机地联系在一起的。在结构设计时，要尽可能使各个生产阶段都具有良好的结构工艺性。

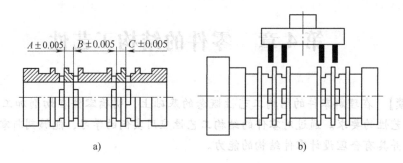

図 4-2　电磁伺服阀阀套结构

4.2　零件结构的切削加工工艺性

1. 切削加工对零件结构工艺性的要求

在机器的整个制造过程中，零件切削加工所耗费的工时和费用最多，因此零件结构的切削加工工艺性就显得非常重要。为使零件在切削过程中具有良好的工艺性，零件结构设计需满足以下几方面的要求：

1）加工表面的几何形状应尽量简单，尽可能布置在同一平面上或同一轴线上。

2）不需要加工的毛坯面不要设计成加工面，要求不高的面不要设计成高精度、低表面粗糙度值的表面。

3）有相互位置精度要求的各个表面，最好能在一次安装中加工。

4）应便于安装和加工，易于测量。

5）尽量使用标准刀具和通用量具，减少专用刀具和专用量具的设计和制造。

6）结构应与采用高效机床和先进的工艺方法相适应。

2. 零件结构的切削加工工艺性实例分析

零件结构设计总的目的就是要使零件加工方便，提高切削效率，减少加工量和易于保证加工质量。表 4-1 所示为零件结构的切削加工工艺性分析对比。

表 4-1　零件结构的切削加工工艺性分析对比

设计原则	结构工艺性对比		说　　明
	结构工艺性不好	结构工艺性好	
便于安装		工艺凸台	增加工艺凸台，以便安装找正。精加工后把凸台去除

（续）

设计原则	结构工艺性对比		说　　明
	结构工艺性不好	结构工艺性好	
便于安装	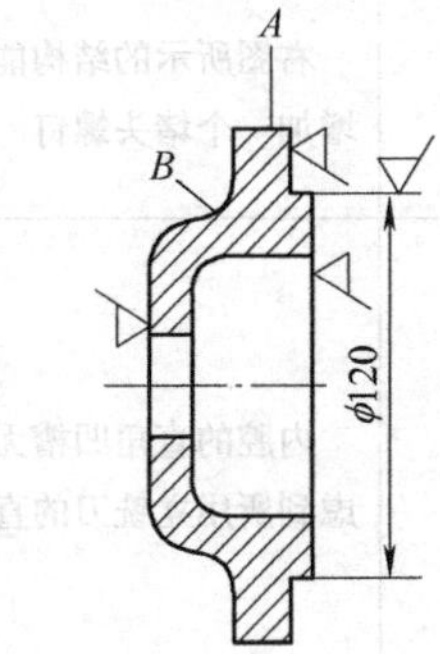	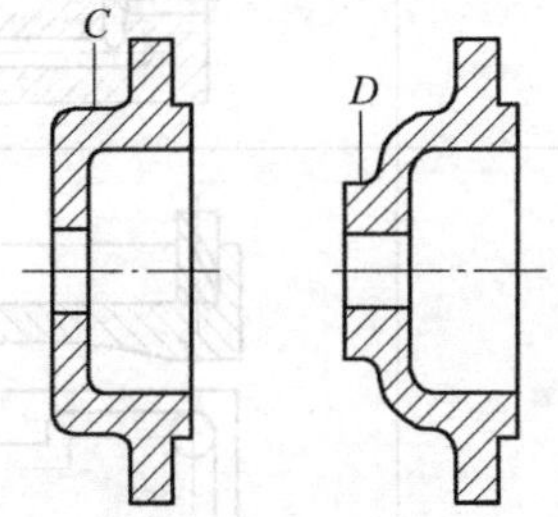	该轴承座在车削时装夹 A 和 B 处均不妥当,应改变毛坯外形,装夹 C 或 D 处
	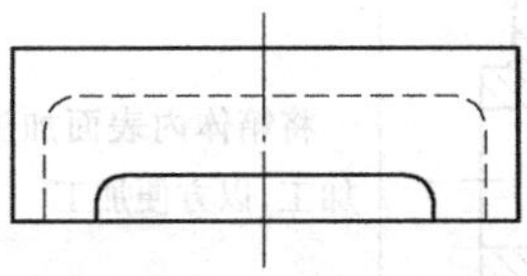	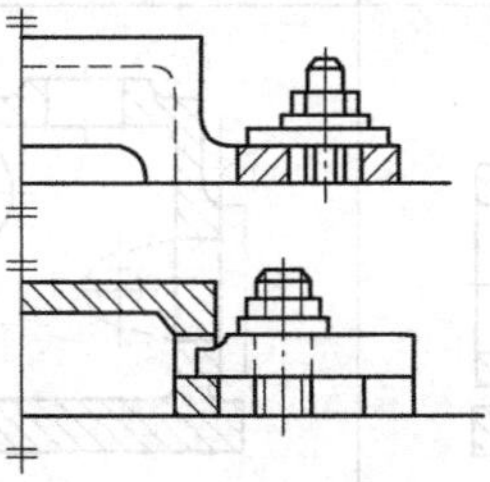	增加夹紧边缘或夹紧孔,以便在龙门刨床或龙门铣床上加工上平面
			加工锥度心轴时,左端应增加安装鸡心卡头的圆柱面
减少装夹次数	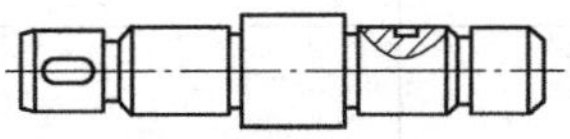	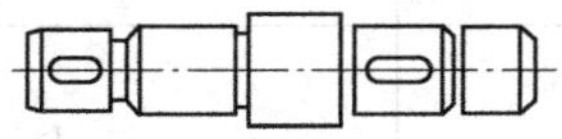	轴上键槽应在同一侧,以便在一次安装中加工
	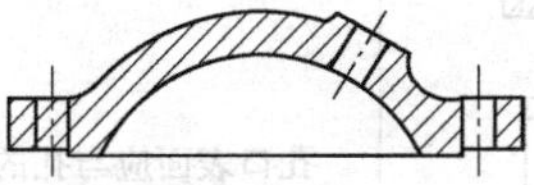	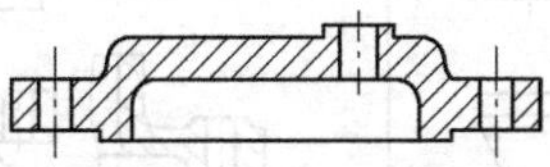	孔设计在倾斜方向,既增加了安装次数,加工又不方便
	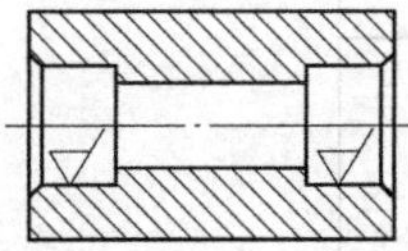	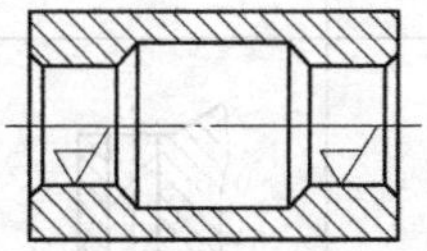	右图所示轴套两端孔在一次安装中既可全部加工出来,又有利于保证两孔间的同轴度
减少机床调整次数	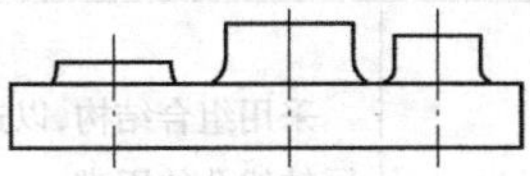	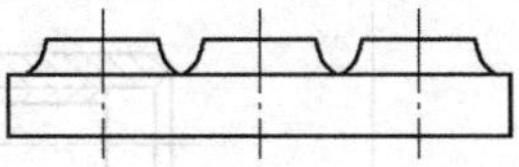	需加工的凸台应设计在同一平面,以便一次进给加工所有凸台
	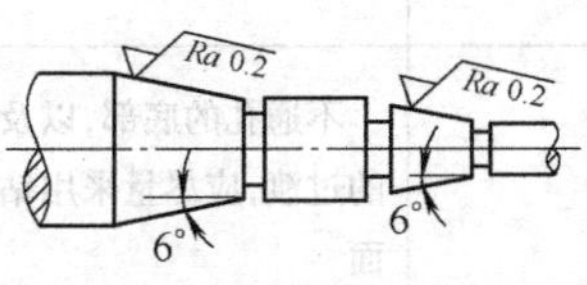	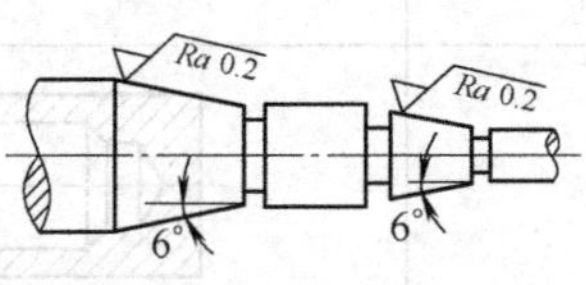	在允许的情况下,采用相同的锥度,磨床只需调整一次

（续）

设计原则	结构工艺性对比		说　明
	结构工艺性不好	结构工艺性好	
减少加工困难	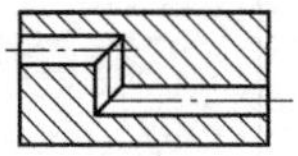	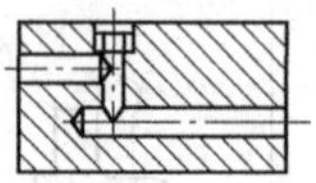	右图所示的结构能加工,不过需增加一个堵头螺钉
	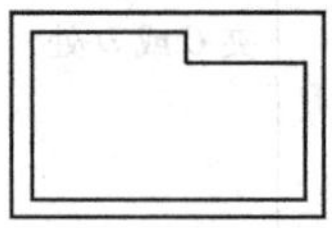	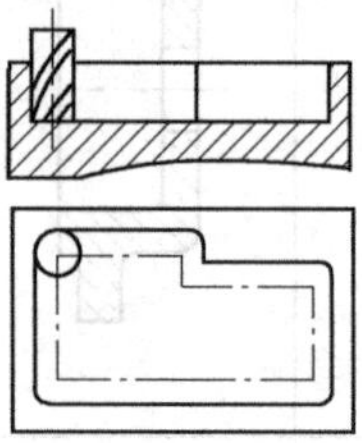	内腔的直角凹槽无法加工,应考虑到所用立铣刀的直径
	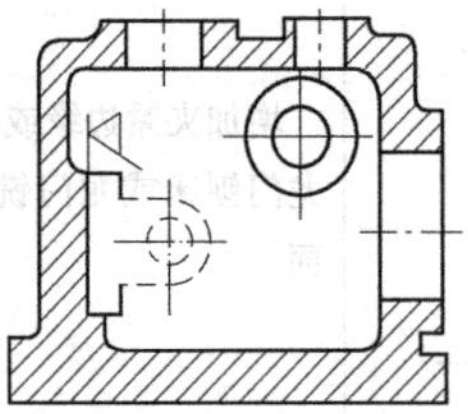	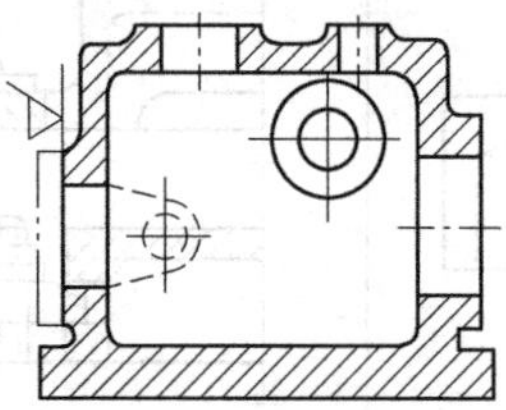	将箱体内表面加工改为外表面加工,以方便加工
	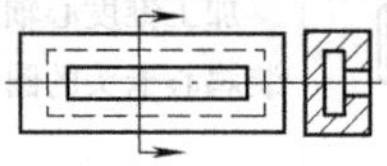	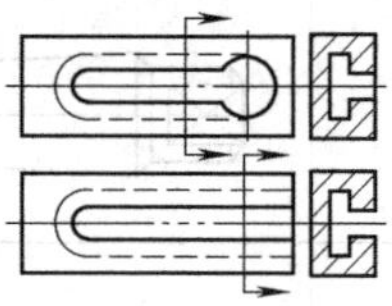	将封闭的 T 形槽改为开口形,或者设计出落刀孔的结构
	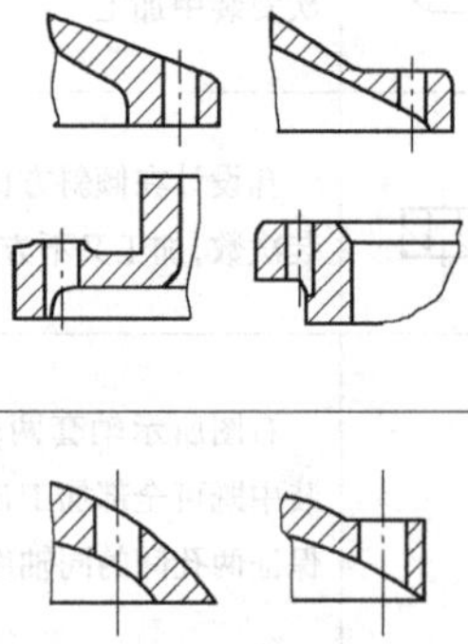	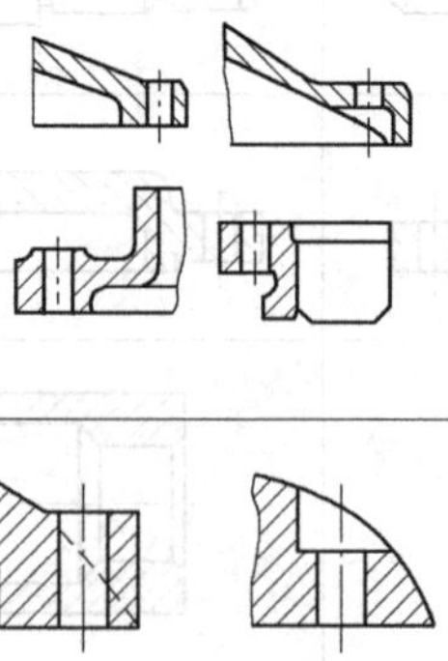	孔口表面应与孔的轴线垂直,以免钻头折断或者产生"引偏"
	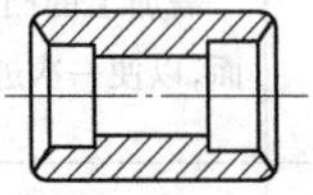	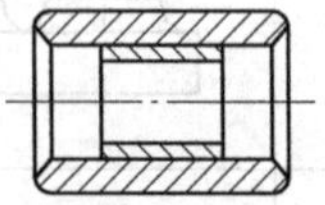	采用组合结构,以避免加工两端同轴线孔的困难
	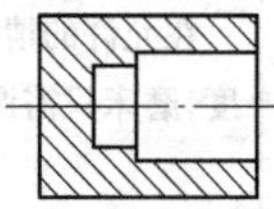	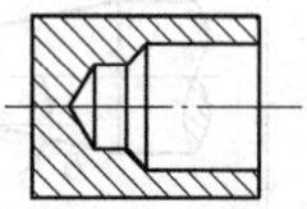	不通孔的底部,以及大孔到小孔的过渡,应尽量采用钻头形成的锥面

（续）

设计原则	结构工艺性对比		说　明
	结构工艺性不好	结构工艺性好	
便于进刀和退刀			螺纹的根部应有退刀槽，或者留有足够的退刀长度
			需要磨削的内、外表面，其根部应有砂轮越程槽
			孔内不通的键槽前端必须有孔或环槽，以便插削时退刀
减少加工面积			支架底面挖空后，既可减少加工表面面积，又有利于和机座平面的配合
			轴上如只有一小段有公差要求，则应设计成阶梯轴，以减少磨削面积，且容易装配
减少刀具种类			轴上退刀槽、轴肩圆角半径及键槽宽度，在结构允许的情况下，应尽可能一致或减少种类
增加工件刚度			车削薄壁筒时，增加一凸起结构，以防止装夹时变形
			采用加强肋增加工件刚度，以防止加工时工件变形

4.3　零件结构的装配工艺性

设计零件时，不仅要考虑其结构的切削加工工艺性，还必须使其具有良好的装配工艺性，即便于装配和维修，保证机械产品的质量。下面通过部分实例介绍常见的装配工艺性。

1）零件应有正确的装配基准面。装配基准面是用以确定零件在部件或机器中相对位置的表面。有无合理的装配基准面将直接影响装配质量和装配工作量，见表4-2中序号1。

2）两零件在同一方向上不应有多对配合面。要使多对表面都处于很好的配合状态是困难的，为此就必须提高有关表面的尺寸精度和位置精度，使工时延长，成本提高，这既无必要，又不合理，见表4-2中序号2。

3）零件结构应便于到达装配位置。要求零件结构便于到达装配位置，目的是使装配容易，保证配合质量，见表4-2中序号3。

4）零件结构应便于拆卸。当需要维修、更换配合较紧的零件时，应容易拆卸，见表4-2中序号4。

5）设计有装拆紧固件的空间或工艺孔。零件上要有装拆紧固件的空间或工艺孔，以便使用工具及易于装卸紧固件，见表4-2中序号5。

6）配合零件端部应设计有倒角。配合零件端部要求有倒角，目的在于保证两配合件对中和导入容易，也避免划伤配合表面和操作者，见表4-2中序号6。

7）应尽量避免装配时过多的切削加工。装配时过多的切削加工会造成装配时的周期延长，而且可能影响加工后零件的质量。

表 4-2　零件结构的装配工艺性实例分析

序号	不良结构	良好结构	说　明
1	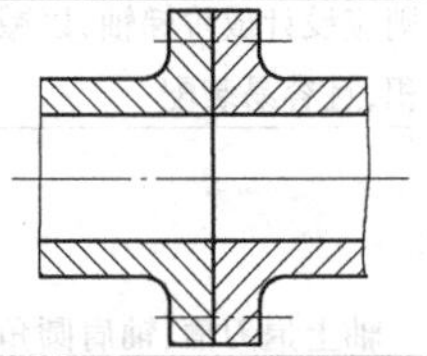	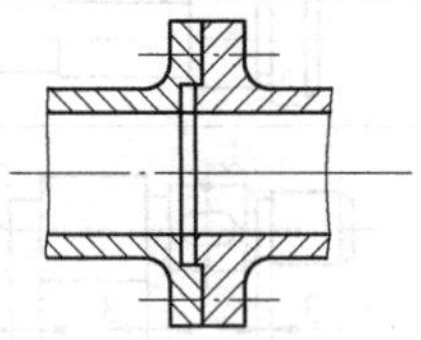	左图所示两配合件无径向装配定位基准，难以保证其同轴度要求。应改为右图所示结构
	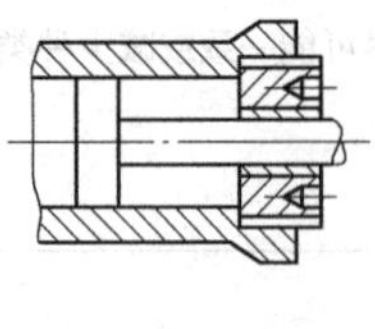	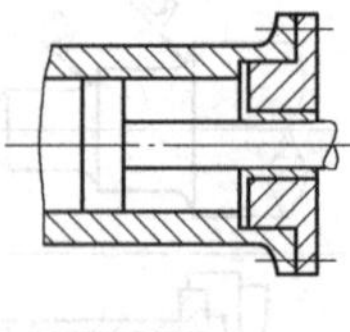	左图所示气缸盖与缸体直接以螺纹联接，由于内、外螺纹间隙的存在，难以保证两件内孔的同轴度，活塞杆易偏移，使往复运动不灵活。右图所示增设了装配基准面，解决了上述问题，且避免了螺纹加工，生产率高
2	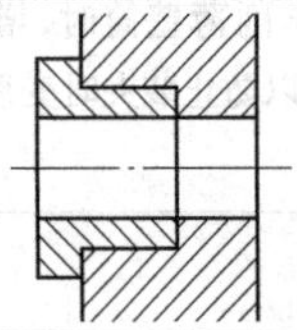	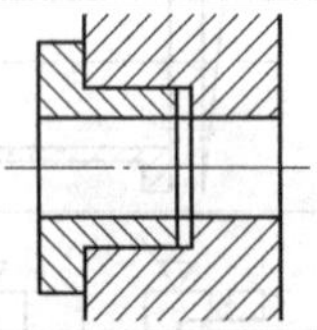	左图所示两配合件在轴向有两对配合表面，不得不提高孔深和台阶套长度的加工精度。应改为右图所示结构
	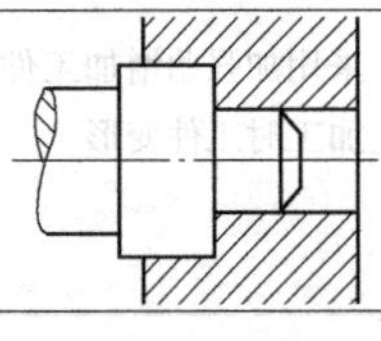	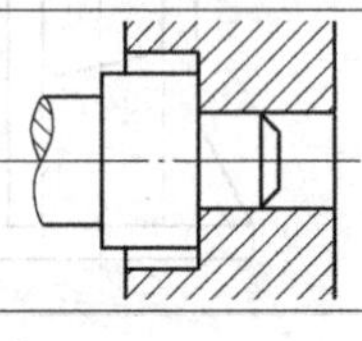	左图所示两配合件在径向有两对配合表面，不得不提高阶梯轴外圆和阶梯孔的精度。右图所示结构合理

（续）

序号	不良结构	良好结构	说　明
3	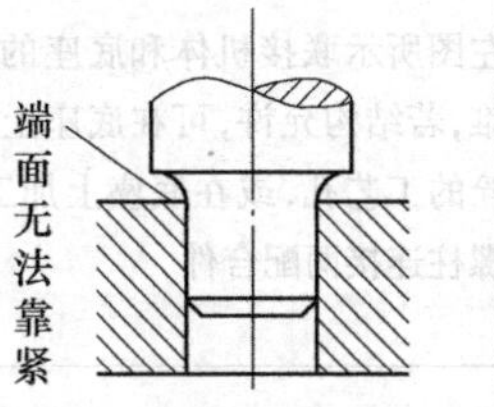 端面无法靠紧	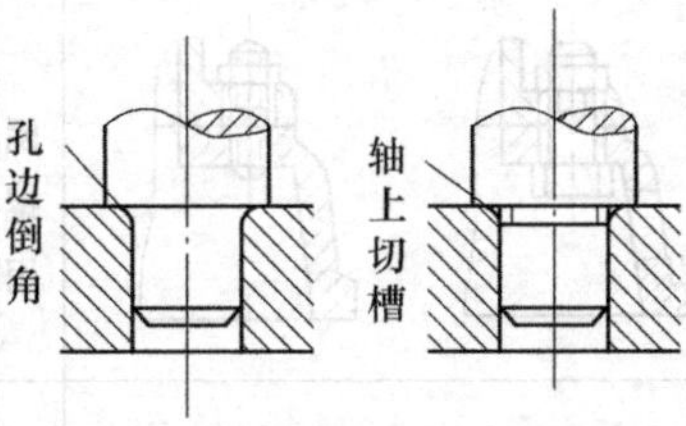 孔边倒角　　轴上切槽	左图所示轴肩和孔的端面无法贴紧,应在孔端设倒角或在轴肩根部切槽,如右图所示
	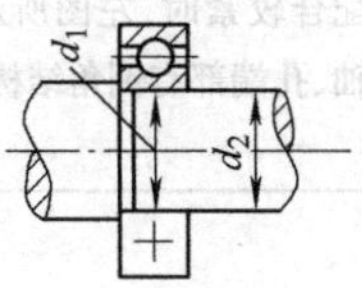 d_1　d_2	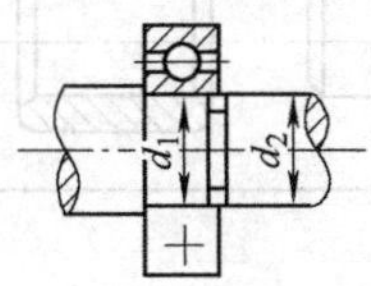 d_1　d_2	轴承与轴颈配合较紧,为保证轴承顺利到达轴颈 d_1 处,应使轴承 d_2 稍小于轴颈 d_1
4	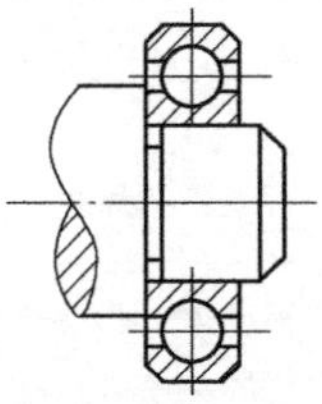	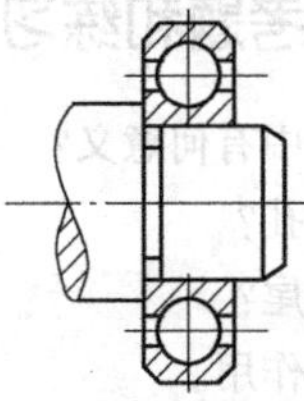	左图所示轴承内环不易拆卸,应使轴承内环的外径大于轴肩直径,如右图所示
	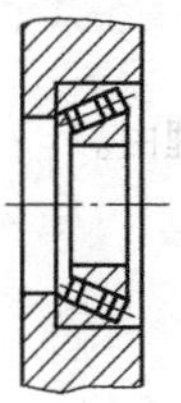	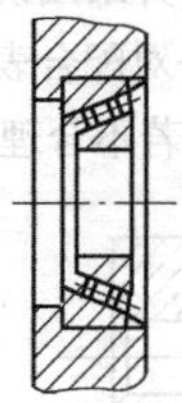	轴承外环和箱体孔的配合较紧,左图所示轴承外环难以拆卸,应使轴承外环的内径小于箱体靠肩孔径
	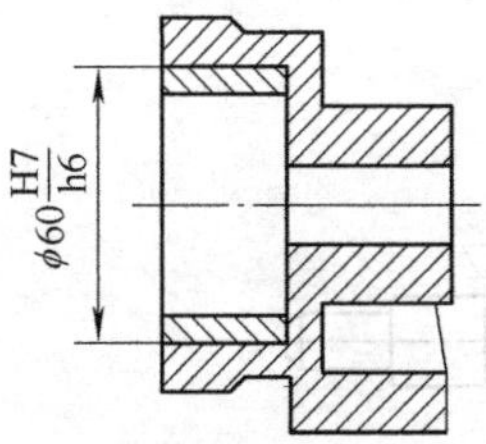 $\phi 60 \dfrac{H7}{h6}$	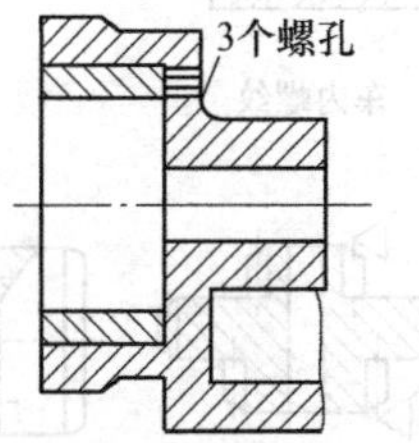 3个螺孔	衬套以较大的力压入机体,左图中使拆卸更换衬套比较困难。可在机体上设计三个均布的螺钉孔,用螺钉顶出衬套,见右图
5	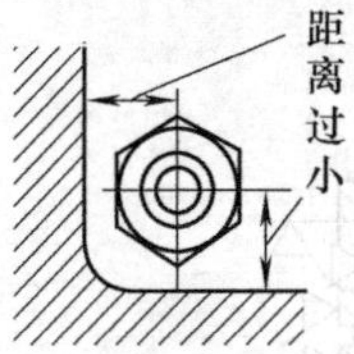 距离过小	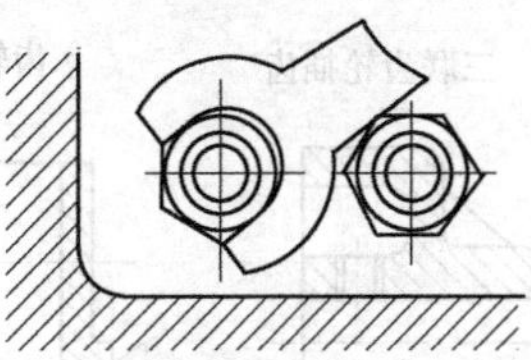	左图所示螺钉位置距机壁太近,无法使用扳手,改进后,扳手活动空间增大,便于拧紧或松开螺钉
	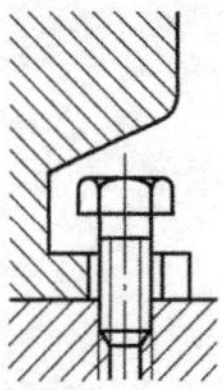	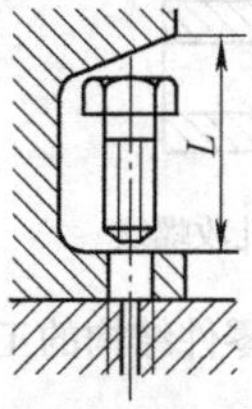 L	左图所示空间小于螺钉长度,无法装入螺钉

（续）

序号	不良结构	良好结构	说　明
5			左图所示联接机体和底座的螺栓安装困难,若结构允许,可在底座上设计出装螺栓的工艺孔,或在底座上加工螺纹孔,用螺柱连接两配合件
6			轴、孔配合较紧时,左图所示装配不方便,应在轴、孔端部有倒角结构

※　思考题和练习题

4-1　何谓零件结构的切削加工工艺性？生产中有何意义？

4-2　为什么有的定位锥销的大头上有一个螺孔？

4-3　为什么锥柄钻头和扩孔钻上都有一个扁尾？

4-4　试举几个实例说明工艺凸台、工艺孔的作用。

4-5　试举出需要退刀槽、越程槽的几个实例,并绘图说明理由。

4-6　为什么在同一方向上,两配合件只能有一对配合表面？

4-7　图 4-3 所示的零件结构工艺件是否合理？若不合理,试绘图改进并说明理由。

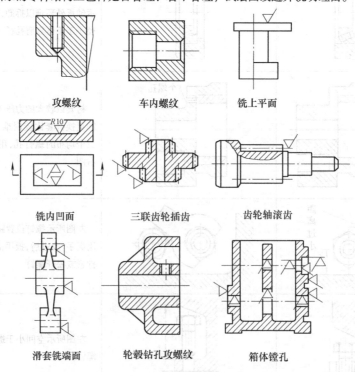

攻螺纹　　　　　车内螺纹　　　　　铣上平面

铣内凹面　　　三联齿轮插齿　　　齿轮轴滚齿

滑套铣端面　　轮毂钻孔攻螺纹　　箱体镗孔

图 4-3　零件结构的工艺性

第5章 精密加工和特种加工

【导读】 比较而言，精密、超精密加工与普通精度加工是相对的，但往往加工精度指标提高了一个数量级后，加工方法原理和加工对象材料等就有了质的不同。特种加工是利用电能等多种能量或其组合切除材料的加工方法。精密和特种加工，为解决高精度加工或难加工材料的问题，提供了新的加工工艺途径。

5.1 精密和超精密加工

5.1.1 概述

机械加工按精度可以分为一般加工、精密加工与超精密加工。精密加工和超精密加工代表了加工精度发展的不同阶段。科学技术在发展进步，划分界限也将随历史进程而逐渐向前推移，过去的精密加工对今天来说已是一般加工。就当前世界工业发达国家制造水平而言，基本达到稳定掌握 $3\mu m$（我国为 $5\mu m$）制造公差的加工技术，如果以此为区分，制造公差大于此值的可称为普通精度加工，制造公差小于此值的可称为高精度加工。

但就目前大多数国家而言，一般加工、精密加工和超精密加工的范畴按如下划分：

（1）一般加工 指精度在 $10\mu m$ 左右，相当于 IT5～IT7 级精度，表面粗糙度值为 $Ra0.2$～$0.8\mu m$ 的加工方法，如车、铣、刨、镗、磨等。适用于汽车制造、拖拉机制造、模具制造和机床制造等。

（2）精密加工 指加工精度为 1～$0.1\mu m$，表面粗糙度值为 $Ra0.1$～$0.01\mu m$ 的加工技术，如金刚车、高精密磨削、研磨、珩磨、冷压加工、电火花加工、超声波加工、激光加工等。适用于精密机床、精密测量仪器等关键零件的加工，如精密丝杠、精密齿轮、精密蜗轮、精密导轨、微型精密轴承、宝石等。

（3）超精密加工 指加工精度小于 $0.1\mu m$，表面粗糙度值小于 $Ra0.025\mu m$ 的加工技术。如金刚石精密切削、超精密磨料加工、电子束加工、离子束加工等。目前，超精密加工的水平已达到纳米级，并向更高水平发展。超精密加工多用来制造精密元件、计量标准元件、集成电路、高密度磁盘等，它是国家制造工业水平的重要标志之一。

5.1.2 精密与超精密加工的特点

1. 加工对象

精密加工和超精密加工都是以精密元件为加工对象，与精密元件密切结合而发展起来的。精密加工的方法、设备和对象有时是结合在一起的，例如金刚石刀具切削机床多用来加工天文仪器、激光仪器中的一些零件等，这是由精密加工技术本身的复杂性决定的。

2. 加工环境

精密加工和超精密加工必须具有超稳定的加工环境，因为加工环境的极微小变化都可能影响加工精度。超稳定加工环境主要包括恒温、防振、超净三个方面的要求。

（1）恒温　温度增加 1℃ 时，100mm 长的钢件就会产生 1μm 的伸长，精密加工和超精密加工的加工精度一般都在微米级、亚微米级或更高的精度，因此，加工区必须保证高度的恒温稳定性。

超精密加工必须在严密的多层恒温条件下进行，不仅放置机床的房间应保持恒温，还要对机床采取特殊的恒温措施。例如美国 LLL 实验室的一台双轴超精密车床安装在恒温车间内，机床外部罩有透明塑料罩，罩内设有油管，对整个机床喷射恒温油，加工区温度可以保持在 20 ± 0.06℃。

（2）防振　机床振动对精密加工和超精密加工有很大的危害，为了提高加工系统的动态稳定性，除了在机床设计和制造上采取各种措施外，还必须用隔振系统来保证机床不受或少受外界振动的影响。例如，某精密刻线机安装在工字钢和混凝土防振床上，再利用四个气垫支撑约 7.5t 的机床和防振床，气垫由气泵供给压力恒定的氮气，这种隔振方法能有效地隔离频率为 6~9Hz、振幅为 0.1~0.2μm 的外来振动。

（3）超净　在未经净化的一般环境下，尘埃数量极大。绝大部分尘埃的直径小于 1μm，但也有不少直径在 1μm 以上甚至超过 10μm 的尘埃。这些尘埃如果落在加工表面上，则可能将表面拉伤，如果落在量具测量表面上，就会造成检测的错误判断。因此，精密加工和超精密加工必须有与加工相对应的超净工作环境。

3. 切削性能

精密加工和超精密加工必须能均匀地去除不大于工件加工精度要求的极薄金属层，这是精密加工和超精密加工的重要特点之一。

当精密切削（或磨削）的背吃刀量 a_p 在 1μm 以下时，这时背吃刀量可能小于工件材料晶粒的尺寸，因此切削就在晶粒内进行，这样切削动力一定要超过晶粒内部非常大的原子结合力才能切除切屑。刀具上承受的剪切应力就变得非常大，刀具的切削刃必须能够承受这个巨大的剪切应力和由此而产生的很大的热量，这对于一般的刀具或磨粒材料是无法承受的。因为普通材料的刀具，其切削刃的刃口不可能刃磨得非常锋利，平刃性也不可能足够好，在高应力高温下会快速磨损和软化。而且一般磨粒当经受高应力高温作用时，也会快速磨损，切削刃可能被剪切，平刃性被破坏，产生随机分布的峰谷，不能得到真正的镜面切除表面。因此需要对精密切削刀具的微切削性能认真研究，找到满足加工精度要求的刀具材料、结构，并研究与之相适应的新型切削技术。

4. 加工设备

精密加工和超精密加工的实施必须依靠高精密加工设备。高精密加工机床应具备的条件是：

1）机床主轴应具有极高的回转精度及很高的刚性和热稳定性。现在，许多国家的超精密机床的主轴系主要有两种类型，即空气静压轴承支承的主轴和液体静压轴承支承的主轴。静压轴承具有回转精度高、刚性好的优点，而且由于是流体摩擦，因而阻尼大，抗震性也很好。一般认为，在转速高、载荷小的情况下，应采用空气静压轴承，而在转速较低和要求承载能力大时，则宜选用液体静压轴承。

2）机床的进给系统应能提供超精确的匀速直线运动，保证在超低速条件下进给均匀，不发生爬行。目前超精密加工机床主要采用液体静压导轨和空气静压导轨两种形式的精密导轨来保证机床的运动精度。

3）为了在超精密加工时实现微量进给，超精密机床必须配备位移精度极高的微量进给机构。微量进给机构目前主要有以下几种类型：①利用力学原理的微量进给机构，例如斜面微动机构、差动丝杠副微动机构、弹性变形微动机构等；②利用热胀冷缩的热力学原理的精密微动机构；③利用磁致伸缩原理和电致伸缩原理的精密微位移机构；④利用机电耦合效应的精密微位移机构。

4）超精密加工机床广泛采用了微机控制系统、自适应控制系统，避免了手工操作引起的随机误差。

如图 5-1 所示为日本研制的一台盒式超精密立式车床，其特点是：采用盒式结构，加工区域形成封闭空间，不受外界影响；采用热对称结构、低热变形复合材料，从结构上抑制了热变形；采用冷却淋浴、恒温油循环、热源隔离等措施，保证整机处于恒温状态；采用有效隔振措施。

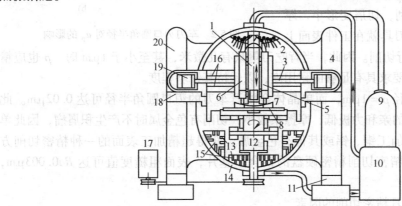

图 5-1 盒式超精密立式车床

1—低热变形材料滑板 2—淋浴切削液 3—陶瓷滚珠丝杠 4—对称热源 5—切削液喷射装置
6、9—切屑回收装置 7—微位移工作台 8—卡盘 10—油温控制 11—隔振与调平装置
12—空气静压轴承 13—散热片 14—热对称壳体 15—恒温循环装置 16—热对称圆导轨
17—隔热装置 18—热流控制 19—丝杠用电子冷却轴 20—热对称三点支承结构

5. 工件材料

精密加工和超精密加工对工件的材质提出了很高的要求。材料的选择，不仅要从强度、刚度方面考虑，更要注重材料的加工工艺性。为了满足加工要求，工件材料本身必须具有均匀性和性能的一致性，不允许存在内部或外部的微观缺陷。有些零件甚至对材料组织的纤维化也有一定要求，如制造精密硬盘的铝合金盘基就不允许有组织纤维化。

6. 测量技术匹配

精密测量是精密加工和超精密加工的必要条件，有时要采用在线检测、在位检测以及在线补偿等技术，以保证加工精度要求。

5.1.3 精密与超精密加工方法

根据加工方法的机理和特点，精密和超精密加工方法可以分为刀具切削加工、磨料加工、特种加工和复合加工四类。由于精密和超精密加工方法很多，现选择几种主要的方法进行介绍。

1. 金刚石刀具精密切削

金刚石刀具精密切削是指用金刚石车刀加工工件表面，获得尺寸精度为 $0.1\mu m$ 数量级和表面粗糙度值为 $Ra0.01\mu m$ 数量级的超精加工表面的一种精密切削方法。欲达到 $0.1\mu m$ 数量级的加工精度，在最后一道加工工序中，就必须能切除厚度小于 $1\mu m$ 的表面层。下面介绍金刚石刀具能够实现精密切削的机理和影响切削的因素。

（1）金刚石刀具精密切削机理　金刚石刀具实现精密切削，加工余量只有几微米，切屑非常薄，常在 $0.1\mu m$ 以下。能否切除如此微薄的金属层，主要取决于刀具的锋利程度。刀具的锋利程度，一般以车刀切削刃的刃口圆角半径 ρ 的大小来表示。ρ 越小，切削刃越锋利，切除微小余量就越顺利。如图5-2 所示，在背吃刀量 a_p 很小的情况下，当 $\rho < a_p$ 时，切屑排出顺利，切屑变形小，厚度均匀；当 $\rho > a_p$ 时，刀具就在工件表面上

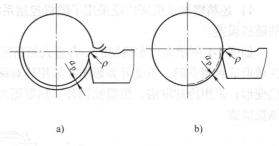

a)　　　　　　　　　　b)

图 5-2　车刀刃口圆角半径对 a_p 的影响

产生"耕犁"，不能进行切削。因此，当背吃刀量只有几微米，甚至小于 $1\mu m$ 时，ρ 也应精研至微米级的尺寸，并要求具有足够的耐用度，以保持其锋利程度。

刀具的刃口圆角半径 $\rho = 1\mu m$，而单晶体金刚石车刀的刃口圆角半径可达 $0.02\mu m$。此外，金刚石与有色金属的亲和力极低，摩擦系数小，切削有色金属时不产生积屑瘤，因此单晶体金刚石精密切削是加工铜、铝或其他有色金属、获得超精加工表面的一种精密切削方法。例如用金刚石刀具精密切削精密硬盘的铝合金基片，表面粗糙度值可达 $Ra0.003\mu m$，平面度可达 $0.2\mu m$。

（2）影响金刚石刀具精密切削的因素

1）金刚石刀具材料的材质、几何角度设计、晶面选择、刃磨质量及对刀。

2）金刚石刀具精密切削机床的精度、刚度、稳定性、抗震性和数控功能。关键部件是主轴系统、导轨及进给驱动装置，机床应有性能良好的温控系统，床身结构广泛采用花岗石材料。

3）被加工材料的均匀性和微观缺陷。

4）工件的定位和夹紧。

5）工作环境。应有恒温、恒湿、净化和抗震条件，才能保证加工质量。

目前，金刚石刀具主要用来切削铜、铝及其合金，当切削含碳铁金属材料时，由于会产生亲和作用，产生碳化磨损（扩散磨损），不仅使刀具易于磨损，而且影响加工质量，切削效果不理想。

2. 超硬磨料砂轮精密和超精密磨削

超硬磨料砂轮目前主要指金刚石砂轮和立方氮化硼（CBN）砂轮，主要用来加工难加工材料，如各种高硬度、高脆性材料，其中有硬质合金、陶瓷、玻璃、半导体材料及石材等。这些材料的加工一般要求较高，多属于精密和超精密加工范畴。

（1）超硬磨料砂轮磨削特点

1）可用来加工各种高硬度、高脆性金属和非金属难加工材料。对于钢铁等材料适于用立方氮化硼砂轮来磨削。

2) 磨削能力强，耐磨性好，耐用度高，易于控制加工尺寸及实现加工自动化。

3) 磨削力小，磨削温度低，加工表面质量好。

4) 磨削效率高。

5) 加工综合成本低。

现在金刚石砂轮、立方氮化硼砂轮已广泛应用于精密加工，近年来发展起来的金刚石微粉砂轮超精密磨削已日趋成熟，将在生产中推广应用。金刚石精密和超精密磨削已经成为陶瓷、玻璃、半导体、石材等高硬脆材料的主要加工手段。与普通磨料砂轮相比，超硬磨料砂轮的磨粒更锋利、微刃的微切削性能更好。磨削过程的滑擦、耕犁作用影响小，易于实现精密与超精密加工的要求。

超硬磨料砂轮磨削时，也有砂轮的选择、机床结构、磨削工艺、砂轮修整和平衡、磨削液等问题，其中砂轮修整问题更为重要。

（2）超硬磨料砂轮的修整　砂轮的修整过程可以分为整形和修锐两个阶段。整形是使砂轮达到一定几何形状的要求，修锐是去除磨粒间的结合剂，使磨粒比结合剂突出一定高度（一般是磨粒尺寸的1/3左右），形成足够的切削刃和容屑空间。超硬磨料砂轮的修整机理是除去金刚石颗粒之间的结合剂，使金刚石颗粒露出来，而不是把金刚石颗粒修锐出切削刃。

根据结合剂材料的不同，超硬磨料砂轮的修整方法有以下几种：

1) 车削法。用单点、聚晶金刚石笔修整，修整精度和效率较高，但砂轮切削能力低。

2) 磨削法。用碳化硅砂轮修整，修整质量和效果较好，是目前最广泛采用的方法，但碳化硅砂轮磨损很快。

3) 电加工法。有电解修锐法、电火花修整法等，只适用于金属（或导电）结合剂砂轮，修整效果较好。电解修锐法的效果比较突出，已较广泛应用于金刚石微粉砂轮的超精密加工中，并易于实现在线修锐，其原理图如图 5-3 所示。

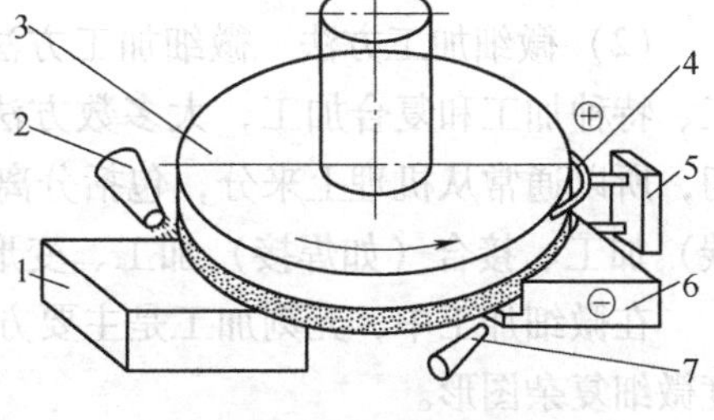

3. 新型研磨、抛光方法

近年来，在研磨和抛光方法上出现了很多新方法，如油石研磨、磁性研磨、电解研磨、软质磨粒抛光（弹性发射加工等）、浮动抛光、液中抛光、磁流体抛光、挤压研抛、喷射加工、沙带抛光、超精研抛等。下面以磁性研磨和软质磨粒抛光为例进行阐述。

图 5-3　电解修锐法
1—工件　2—切削液　3—超硬磨料砂轮
4—电刷　5—支架　6—负电极　7—电解液

（1）磁性研磨　工件放在两磁极之间，工件和极间放入含铁的刚玉等磁性磨料，在直流磁场的作用下，磁性磨料沿磁力线方向整齐排列，如同刷子一般对被加工表面施加压力，并保持加工间隙。研磨压力的大小随磁场中磁感应强度及磁性磨料填充量的增大而增大，因此可以调节。研磨时，工件一面旋转，一面沿轴线方向振动，使磁性磨料与被加工表面之间产生相对运动。这种方法可以研磨轴类零件内外圆表面，也可以用来去除毛刺，对钛合金的研磨效果较好。磁性研磨原理如图 5-4 所示。

（2）软质磨粒抛光　软质磨粒抛光的特点是可以用较软的磨粒，甚至比工件材料还要软的磨粒（如 SiO_2、ZrO_2）来抛光。它不产生机械损伤，大大减少了一般抛光中所产生的微裂纹、磨粒嵌入、洼坑、麻点、附着物、污染等缺陷，获得极好的表面质量。

典型的软质磨粒抛光是弹性发射加工，它是一种无接触的抛光方法，是利用水流加速微小磨粒，使磨粒与工件被加工表面产生很大的相对运动，并以很大的动能撞击工件表面的原子晶格，使表层不平处的原子晶格受到很大的剪切力，致使这些原子被移去。如图 5-5 所示为其原理图，抛光液的入射角（与水平面的夹角）要尽量小，以增加剪切力，抛光器为聚氨酯球，抛光时抛光器与工件不接触。

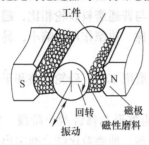
图 5-4　磁性研磨原理

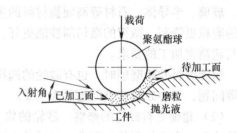
图 5-5　弹性发射加工原理图

4. 微细加工技术

（1）微细加工的概念及特点　微细加工技术是指制造微小尺寸零件的生产加工技术。从广义的角度来说，微细加工包括了各种传统的精密加工方法（如切削加工、磨料加工等）及特种加工方法（如外延生长、光刻加工、电铸、激光束加工、电子束加工、离子束加工等），它属于精密加工和超精密加工范畴。从狭义的角度来说，微细加工主要指半导体集成电路制造技术，因为微细加工技术的出现和发展与大规模集成电路有密切关系，其主要技术有外延生长、氧化、光刻、选择扩散和真空镀膜等。目前，微小机械发展十分迅速，它是用各种微细加工方法在集成电路基片上制造出各种微形运动的机械。

（2）微细加工方法　微细加工方法与精密加工方法一样，也可分为切削加工、磨料加工、特种加工和复合加工，大多数方法是相同的。由于微细加工与集成电路的制造关系密切，所以通常从机理上来分，包括分离（去除）加工、附着（如镀膜）加工、注入（如渗碳）加工、接合（如焊接）加工、变形加工（如压力加工）等。

在微细加工中，光刻加工是主要方法之一，主要是制作由高精度微细线条所构成的高密度微细复杂图形。

光刻加工可分为两个阶段，第一阶段为原版制作，生成工作原版或工作掩膜，是光刻时的模板，第二阶段为光刻。

光刻加工过程见表 5-1，包括预处理、涂胶、曝光、显影与烘片、刻蚀、剥膜与检查等工作。

1）预处理。通过抛光、酸洗等方法去除基片氧化膜表面的杂质。

2）涂胶。把光致抗蚀剂涂敷在已镀有氧化膜的半导体基片上。

3）曝光。由光源发出的光束，经掩膜在光致抗蚀剂涂层上成像，称为投影曝光。将光束聚焦形成细小束斑，通过扫描在光致抗蚀剂涂层上绘制图形，称为扫描曝光。两者统称为曝光。常用的电源有电子束、离子束等。

4）显影与烘片。曝光后的光致抗蚀剂在特定溶剂中把曝光图形显示出来，称为显影。

其后进行 200~250℃的高温处理以提高光致抗蚀剂的强度，称为烘片。

5）刻蚀。利用化学或物理方法，将没有光致抗蚀剂部分的氧化膜除去，称之为刻蚀，刻蚀的方法有化学腐蚀、离子刻蚀、电解刻蚀等。

6）剥膜与检查。用剥膜液去除光致抗蚀剂的处理方法为剥膜，剥膜后进行外观、线条、断面形状、物理性能和电子特性等检查。

表 5-1　光刻加工过程

预处理 （脱脂） （抛光） （酸洗） （水洗）	氧化膜 基片	显影烘片	窗口
涂胶 （甩涂） （浸渍） （喷涂） （印刷）	光致抗蚀剂	刻蚀 （化学） （离子束） （电解）	离子束
曝光 （电子束） （X 射线） （远紫外线） （离子束）	电子束 掩膜	剥膜检查	

5.2　特种加工

5.2.1　特种加工的概念

特种加工与传统加工的区别在于用以切除材料的能量形式不同，特种加工主要是利用电能、光能、声能、热能和化学能来去除材料。特种加工的类别很多，根据所采用的能源，可以分为以下几类。

（1）力学加工　应用机械能来进行加工，如超声波加工、喷射加工、水射流加工等。

（2）电物理加工　利用电能转化为热能、机械能和光能等进行加工，如电火花成形加工、电火花线切割加工、电子束加工、离子束加工等。

（3）电化学加工　利用电能转化为化学能进行加工，如电解加工、电镀、刷镀、镀膜和电铸加工等。

（4）激光加工　利用激光光能转化为热能进行加工。

（5）化学加工　利用化学能或光能转换为化学能进行加工，如化学铣削和化学刻蚀（即光刻加工）等。

（6）复合加工　将机械加工和特种加工叠加在一起就形成复合加工，如电解磨削、超声电解磨削等，最多有四种加工方法叠加在一起的复合加工，如超声电火花电解磨削。

5.2.2　特种加工的特点及应用范围

1）特种加工时工件和工具之间无明显的切削力，只有微小的作用力，在机理上与传统加工方法有很大不同。

2）特种加工的内容包括去除和结合等加工。去除加工即分离加工，如电火花成形加工等是从工件上去除一部分材料。结合加工是使两个工件或两种材料结合在一起，如激光焊接、化学粘接等。结合加工还包括附着结合与注入结合。附着结合是使工件表面覆盖一层材料，如镀膜等；注入加工是将某些元素离子注入到工件表层，以改变工件表层的材料结构，达到所要求的物理力学性能，如离子注入、化学镀、氧化等；因此在加工概念的范围上有很大的扩展。

3）特种加工中，工具的硬度和强度可以低于工件的硬度和强度，因为它主要不是靠机械力来切削，同时工具的损耗很小，甚至无损耗，如激光加工、电子束加工、离子束加工等。适于加工脆性材料、高硬材料、精密微细零件、薄壁零件、弹性零件等易变形零件。

4）加工中的能量易于转换与控制，工件一次装夹中可实现粗、精加工，有利于保证加工精度，提高生产率。

5.2.3　特种加工方法

1. 电火花加工

（1）加工原理　电火花加工是利用脉冲放电对导电材料的腐蚀作用去除材料，以满足一定形状和尺寸要求的一种加工方法，其原理如图5-6所示。

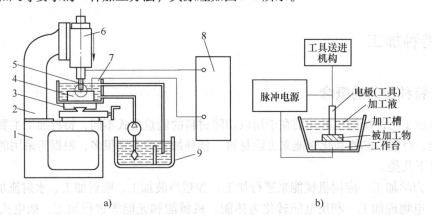

a)　　　　　　　　　　　　　　b)

图5-6　电火花加工原理示意图

1—床身　2—立柱　3—工作台　4—工件电极　5—工具电极　6—进给结构及间隙调节器
7—工作液　8—脉冲电源　9—工作液箱

在充满液体介质的工具电极和工件电极之间的很小间隙上（一般为 0.01 ~ 0.02mm），施加脉冲电压，于是间隙中就产生很强的脉冲电压，使两极间的液体介质按脉冲电压的频率不断被电离击穿，产生脉冲放电。由于放电时间很短（为 10^{-8} ~ 10^{-6}s），且发生在放电区的局部区域上，所以能量高度集中，使放电区的温度高达 10 000 ~ 12 000℃。于是工件上的这一小部分金属材料被迅速熔化和汽化。由于熔化和汽化的速度很高，故带有爆炸性质。在爆炸力的作用下将熔化了的金属微粒迅速抛出，被液体介质冷却、凝固并从间隙中冲走。每次放电后，在工件表面上形成一个小圆坑（如图 5-7 所示），放电过程多次重复进行，随着工具电极不断进给，材料逐渐被蚀除，工具电极的轮廓形状即可精确地复印在工件上达到加工的目的。

电火花加工必须采用脉冲电源，其作用是把普通 220V 或 380V、50Hz 的交流电流转变成频率较高的脉冲电流，提供电火花加工所需的放电能量。在每次脉冲间隔内电极冷却，工作液恢复绝缘状态，使下一次放电能在两极间另一凸点处进行。

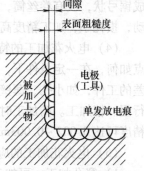

图 5-7　电火花加工时
工件表面形成过程

（2）影响电火花加工的因素

1）极性效应。单位时间蚀除工件金属材料的体积或重量，称为蚀除量或蚀除速度。由于正负极性的接法不同而蚀除量不同，称为极性效应。将工件接阳极为正极性加工，将工件接阴极为负极性加工。采用短脉宽（脉冲延时小于 $50\mu s$）时，由于电子质量轻、惯性小，很快就能获得高速度而轰击阳极，因此阳极的蚀除量大于阴极。采用长脉宽（脉冲延时大于 $300\mu s$）时，放电时间增加，离子获得较高的速度，由于离子的质量大，轰击阴极的动能较大，因此阴极的蚀除量大于阳极。控制脉冲宽度就可以控制两极蚀除量的大小。短脉宽时，选正极性加工，适合于精加工；长脉宽时，选负极性加工，适合于粗加工和半精加工。

2）工作液。常用的工作液有煤油、去离子水、乳化液等。

3）电极材料。必须是导电材料，要求在加工过程中损耗小，稳定，机械加工性能好，常用的材料有纯铜、石墨、铸铁、钢、黄铜等。

（3）电火花加工的类型

1）电火花成形加工。主要指穿孔加工、型腔加工等。穿孔加工主要是加工冲模、型孔和小孔（一般为 $\phi 0.05 \sim \phi 2mm$）；型腔加工主要是加工型腔和型腔零件，相当于加工成形不通孔。

2）电火花线切割加工。用连续移动的钼线或铜丝（工具）作阴极，工件为阳极，两极通以直流高频脉冲电源，机床工作台带动工件在水平面两个坐标方向做进给运动，就可以切割出二维图形。同时丝架可绕 y 轴和 x 轴做小角度摆动，其中丝架 x 轴的摆动通过丝架上、下臂在 y 方向的相对移动得到，这样可以切割各种带斜面的平面、二次曲线形体。

电火花线切割机床可以分为两大类，即高速走丝线切割机床和低速走丝线切割机床。高速走丝线切割机床如图 5-8 所示。电极丝绕在卷丝筒上，并通过导丝轮形成锯弓状，电动机带动卷丝筒进行正、反转，卷丝筒装在走丝溜板上，配合其正、反转与走丝溜板一起在 x 方向做往复移动，使电极丝得到

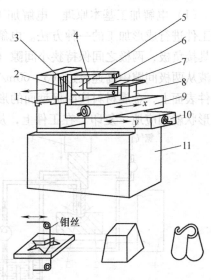

图 5-8　电火花线切割机床及加工件
1—走丝溜板　2—卷丝筒　3—丝架下臂
4—丝架上臂　5—丝架　6—钼丝　7—工件
8—绝缘垫板　9—工作台　10—溜板　11—床身

周期性往复移动，走丝速度一般为 10m/s 左右。电极丝使用一段时间后要更换新丝，以免因损耗断丝而影响工件。低速走丝线切割机床是用成卷铜丝作电极，经张紧机构和导丝轮形成锯弓状，没有卷丝筒，走丝速度为 0.01 ~ 0.1m/s，为单方向运动，电极丝走丝平稳无振动，损耗小，加工精度高，电极丝为一次性使用。现在低速走丝线切割机床是发展方向。

（4）电火花加工的特点　电火花加工可以加工任何导电材料，不论其硬度、脆性、熔点如何，在一定条件下，还可以加工半导体材料及非导电材料。适于加工精密、微细、刚性差的工件，如小孔、薄壁、窄槽、复杂型孔、型面、型腔等零件。可以在一次装夹下同时进行粗、精加工。精加工时精度为 0.005mm，表面粗糙度值为 $Ra0.8\mu m$；精密、微细加工时精度可达 0.002 ~ 0.003mm，表面粗糙度值为 $Ra0.05 ~ 0.1\mu m$。

（5）电火花加工的应用

1）穿孔加工。可加工型孔（圆孔、方孔、条边孔、异形孔）、曲线孔（弯孔、螺纹孔）、小孔、微孔等，如落料模、复合模、级进模、上的孔及喷丝孔等。

2）型腔加工。如锻模、压铸模、挤压模、胶木模以及整体式叶轮、叶片等曲面零件的加工。

3）线切割。如切断、开槽、窄缝、型孔、样板、冲模等加工。

4）回转共轭加工。将工具电极做成齿轮状和螺纹状，利用回转共轭原理，可分别加工模数相同、齿数不同的内外齿轮和螺距、齿形相同的内外螺纹。

5）电火花回转加工。加工时将工具电极回转，类似钻削和磨削，可提高加工精度，这时工具电极可分别做成圆柱形和圆盘形。

6）金属表面强化。

7）打印标记、仿形刻字等。

2. 电解加工

（1）电解加工基本原理　电解加工是利用金属在电解液中产生阳极溶解的电化学原理对工件进行成形加工的一种方法。电解加工的原理图如图 5-9 所示，工件接直流电源正极，工具接负极，两极之间保持狭小间隙（0.1 ~ 0.8mm），具有一定压力（0.5 ~ 2.5MPa）的电解液从两极间隙中高速流过（5 ~ 60m/s）。当工具阴极向工件不断进给时，在相对于阴极的工件表面上，金属材料按阴极型面的形状不断溶解，电解产物被高速电解液带走，于是工具的形状就相应地"复印"在工件上，从而达到成形加工的目的。

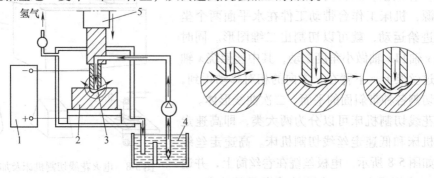

图 5-9　电解加工原理示意图

1—直流电源　2—工件　3—工具电极　4—电解液　5—进给机构

（2）电解加工的特点和应用　电解加工采用低电压（6～24V）、大电流（500～20000A）工作；能以简单的进给运动一次加工出形状复杂的型面或型腔（如锻膜、叶片等）；生产效率较高，约为电火花加工的5～10倍以上，在某些情况下比切削加工的生产效率还高；加工中无机械切削力或切削热；但加工精度不太高，平均精度为±0.1mm左右；附属设备较多，造价昂贵，占地面积大；另外电解液腐蚀机床，且容易污染环境。

电解加工主要用于型孔、型腔、复杂型面、深小孔、套料、膛线、去毛刺、刻印等加工，可加工高硬度、高强度和高韧性等难切削的金属材料，如淬火钢，高温合金，钛合金等。适于易变形或薄壁零件的加工。

3. 激光加工

（1）加工原理　激光是一种亮度高、方向性好、单色性好的相干光。由于激光发散角小和单色性好，在理论上可聚焦到尺寸与光的波长相近的小斑点上，其焦点处的功率密度可达$10^7 \sim 10^{11}\text{W/cm}^2$，温度可高至万度左右。在此高温下，坚硬的材料将瞬时急剧熔化和蒸发，并产生强烈的冲击波，使熔化物质爆炸式地喷射去除。激光加工就是利用这个原理工作的。

如图5-10所示为固体激光器加工原理示意图。当激光工作物质受到光泵（即激励脉冲氙灯）的激发后，吸收特定波长的光，在一定条件下可形成工作物质中亚稳态粒子大于低能级粒子数的状态，这种现象称为粒子数反转。此时一旦有少量激发粒子产生受激辐射跃迁，造成光放大，便通过谐振腔中的全反射镜和部分反射镜的反馈作用产生振荡，由谐振腔一端输出激光。通过透镜将激光束聚焦到工件的加工表面上，即可对工件进行加工，常用的固体激光工作物质有红宝石、钕玻璃和掺钕钇铝石榴石等。

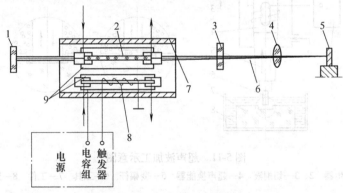

图5-10　固体激光器加工原理示意图

1—全反射镜　2—工作物质　3—部分反射镜　4—透镜　5—工件　6—激光束
7—聚光器　8—光泵　9—玻璃管

（2）激光加工的应用

1）激光打孔。几乎所有的金属材料和非金属材料都可以用激光打孔，特别是对坚硬材料可进行微小孔加工（$\phi0.01 \sim \phi1\text{mm}$），孔的深径比可达50～100，也可加工异形孔。激光打孔已经广泛应用于金刚石拉丝模、宝石轴承、陶瓷、玻璃等非金属材料和硬质合金，以及不锈钢等金属材料的小孔加工。

2）激光切割。采用激光可对许多材料进行高效的切割加工，切割速度一般超过机械切割。切割厚度对金属材料可达 10mm 以上，非金属材料可达几十毫米。切缝宽度一般为 0.1 ~0.5mm。激光切割切缝窄、速度快、热影响区小、省材料、成本低。不仅可以切割金属材料，还可以切割布匹、木材、纸张、塑料等非金属材料。

3）激光焊接。利用激光的能量可把工件上加工区的材料熔化使之粘合在一起。激光焊接速度快、无熔渣，可实现同种材料、不同材料甚至金属与非金属的焊接。用于集成电路、晶体管器件等的微型精密焊接。

4）激光热处理。通过激光束的照射，使金属表面原子迅速蒸发，产生微冲击波导致大量晶格缺陷形成，实现表面的硬化。采用激光热处理不需淬火介质、硬化均匀、变形小、速度快，硬化深度可精确控制。

4. 超声波加工

（1）加工原理　超声波加工是利用超声频振动（16~30kHz）的工具冲击磨料直接对工件进行加工的一种方法，如图 5-11 所示为超声波加工示意图。加工时，工具以一定的静压力 P 在工件上，加工区域送入磨粒悬浮液。超声波发生器产生超声频电振荡，通过超声换能器将其转变为超声频机械振动，借助于振幅扩大棒把振动位移振动放大，驱动工具振动。材料的碎除主要靠工具端部的振动直接锤击处在被加工表面上的磨料，通过磨料的作用把加工区域的材料粉碎成很细的微粒。由于磨料悬浮液的循环流动，磨料不断更新，并带走被粉碎下来的材料微粒，工具逐渐伸入到材料中，工具形状便复现在工件上。工具材料常用不淬火的 45 钢，磨料常用碳化硼或碳化硅、氧化铝、金刚砂粉等。

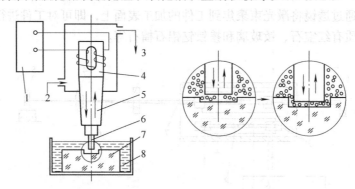

图 5-11　超声波加工示意图

1—超声波发生器　2、3—切削液　4—超声换能器　5—变幅杆　6—工具　7—工件　8—磨料悬浮液

（2）超声波加工的特点和应用　超声波加工适宜加工各种硬脆材料，尤其是电火花加工和电解加工无法加工的不导电材料和半导体材料，如玻璃、陶瓷、半导体、宝石、金刚石等。对于硬质的金属材料，如淬硬钢、硬质合金等，虽可进行加工，但效率低。

近十几年来，超声波加工与传统的切削加工技术相结合而形成的超声波振动切削技术得到迅速的发展，并在生产实际中得到广泛的应用。超声波车削、超声波磨削、超声波钻孔等在金属材料，特别是难加工材料的加工中取得良好的效果，加工精度、加工表面质量显著提高，尤其是在有色金属、不锈钢材料、刚性差的工件和切削速度难以提高的零件加工中，体现出独特的优越性。如图 5-12 所示为超声波振动车削加工示意图。超声波加工与其他特种加工工艺相结合形成复合特种加工技术，如超声波电解加工、超声波线切割等，可以加工各种型孔、型腔，获得较好的加工质量，一般尺寸精度可达 0.01~0.05mm，表面粗糙度值为 $Ra0.4~0.1\mu m$。

5. 电子束加工

电子束加工原理如图 5-13 所示。电子枪射出高速运动的电子束，经电磁透镜聚焦后轰击工件表面，在轰击处形成局部高温，使材料瞬时熔化、汽化、喷射去除。电磁透镜实质上只是一个通直流电流的多匝线圈，其作用与光学玻璃透镜相似，当线圈通过电源后形成磁场，利用磁场，可迫使电子束按照加工的需要作相应的偏转。

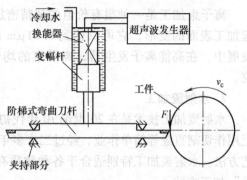

图 5-12　超声波振动车削加工示意图

利用电子束可加工特硬、难熔的金属与非金属材料，穿孔的孔可小于几微米。由于加工是在真空中进行，所以可防止被加工零件受到污染和氧化。但由于需要高真空和高电压的条件，且需要防止 X 射线逸出，设备较复杂，因此多用于微细加工和焊接等方面。

6. 离子束加工

离子束加工被认为是最有前途的超精密加工和微细加工方法。这种加工方法是利用氩（Ar）离子或其他带有 10keV 数量级动能的惰性气体离子，在电场中加速，以其动能轰击工件表面而进行加工。如图 5-14 所示为离子束加工示意图。惰性气体由入口注入电离室，灼热的灯丝发射电子，电子在阳极的吸引和电磁线圈的偏转作用下，高速向下螺旋运动。惰性气体在高速电子撞击下被电离为离子。阳极与阴极各有数百个直径为 0.3mm 的小孔，上下位置对齐，形成数百条离子束，均匀分布在直径为 0.3mm 的小圆直径上。调整加速电压，可以得到不同速度的离子束，实施不同的加工。

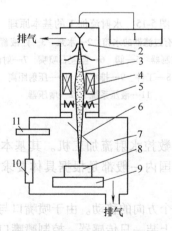

图 5-13　电子束加工原理示意图
1—高速加压　2—电子枪　3—电子束
4—电池透镜　5—偏转器　6—反射镜
7—加工室　8—工件　9—工作台及驱
动系统　10—窗口　11—观察系统

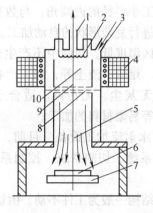

图 5-14　离子束加工示意图
1—真空抽气口　2—灯丝　3—惰性气体注入口
4—电磁线圈　5—离子束流　6—工件
7、8—阴极　9—阳极　10—电离室

　　根据用途不同，离子束加工可以分为离子束溅射去除加工、离子束溅射镀膜加工及离子束溅射注入加工。

　　离子束加工是一种很有价值的超精密加工方法，它不会像电子束加工那样产生热并引起加工表面的变形，它可以达到 $0.01\mu m$ 的机械分辨率。目前，离子束加工尚处于不断发展中，在高能离子发生器，离子束的均匀性、稳定性和微细度等方面还有待进一步研究。

7. 水射流加工

　　水射流加工技术是在 20 世纪 70 年代初出现的，开始只是在大理石、玻璃等非金属材料上用作切割直缝等简单作业，经过二十多年的开发，已发展成为能够切削复杂三维形状的工艺方法。水射流加工特别适合于各种软质有机材料的去除毛刺和切割等加工，是一种"绿色"加工方法。

　　(1) 水射流加工的基本原理与特点

　　1) 水射流加工的基本原理：如图 5-15 所示，水射流加工是利用水或加入添加剂的液体，经水泵至贮液蓄能器使高压液体流动平稳，再经增压器增压，使其压力达到 70 ~ 400MPa，最后由人造蓝宝石喷嘴形成 300 ~ 900m/s 的高速液体射流束，喷射到工件表面，从而达到去除材料的目的。高速液体射流束的能量密度可达 $10^{10}W/mm^2$，流量为 7.5L/min，这种液体的高速冲击，具有固体的加工作用。

　　2) 水射流加工的特点：采用水射流加工时，工件材料不会受热变形，切缝很窄 (0.075 ~ 0.40mm)，材料利用率高，加工精度一般可达 0.075 ~ 0.1mm。

　　高压水束永不会变"钝"，各个方向都有切削作用，用水量不多。加工开始时不需进刀槽、孔，工件上任意一点都能开始和结束切削，可加工小半径的内圆角。与数控系统相结合，可以进行复杂形状的自动加工。

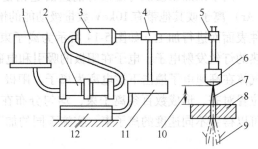

图 5-15　水射流加工的基本原理

1—带有过滤器的水箱　2—水泵　3—贮液蓄能器
4—控制器　5—阀　6—蓝宝石喷嘴　7—射流束
8—工件　9—排水口　10—压射距离
11—液压系统　12—增压器

　　加工区温度低，切削中不产生热量，无切屑、毛刺、烟尘、渣土等，加工产物混入液体排出，故无灰尘、无污染。适合于木材、纸张、皮革等易燃材料的加工。

　　(2) 水射流加工设备　目前，国外已有系列化的数控水射流加工机。其基本组成主要有液压系统、切割系统、控制系统、过滤设备等。国内一般都是根据具体要求设计制造的。

　　机床结构一般为工件不动，由切削头带动喷嘴作三个方向的移动。由于喷嘴口与工作表面距离必须保持恒定，才能保证加工质量，故在切削头上装一只传感器，控制喷嘴口与工件表面之间的距离。三根轴的移动由数控系统控制，可加工出复杂的立体形状。

　　在加工大型工件如船体、罐体、炉体时，不能放在机床上进行，操作者可手持喷枪在工件上移动进行作业，对装有易燃物品的船舱、油罐，用高压水束切割，因无热量发生，故万无一失。手持喷枪可在陆地、岸滩、海上石油平台，甚至海底进行作业。

（3）水射流加工的应用　水射流加工的流束直径为 0.05 ~ 0.38mm，除可以加工大理石、玻璃外，还可以加工很薄、很软的金属和非金属材料。已广泛应用于普通钢、装甲钢板、不锈钢、铝、铜、钛合金板，以至塑料、陶瓷、胶合板、石棉、石墨、混凝土、岩石、地毯、玻璃纤维板、橡胶、棉布、纸、塑料、皮革、软木、纸板、蜂巢结构、复合材料等近 80 种材料的切削。最大厚度可达 100mm，例如，切削厚 19mm 吸音天花板，水压为 310MPa，去除速度为 76m/min；切割玻璃绝缘材料厚 125mm，由于缝较窄，可节约材料，降低加工成本；用高压水喷射加工石块、钢、铝、不锈钢，工效明显提高。水射流加工可代替硬质合金切槽刀具，可切材料厚几毫米至几百毫米，且切边质量很好。

用水射流去除汽车空调机气缸上的毛刺，由于缸体体积小、精度高、不通孔多，用手工去毛刺需工人 26 人，现用四台水喷射机在两个工位上去毛刺，每个工位可同时加工两个气缸，由 25 支硬质合金喷嘴同时作业，实现了去毛刺自动化，使生产率大幅度提高。

用高压水间歇地向金属表面喷射，可使金属表面产生塑性变形，达到类似喷丸处理的效果。例如，在铝材表面喷射高压水，其表面可产生 $5\mu m$ 硬化层，材料的屈服极限得以提高。此种表面强化方法，清洁、液体便宜、噪声低。此外，还可在经过化学加工的零件保护层表面划线。

5.3　表面处理技术

5.3.1　概述

20 世纪 60 年代末形成的表面科学有力地促进了表面处理技术（简称表面技术）的发展，现在表面技术的应用已经十分广泛，对于固体材料来说，通过表面处理可以提高材料抵御环境作用的能力，赋予材料表面某种功能特性，包括光、电、磁、热、声、吸附、分离等各种物理和化学性能。通过特定的表面加工可以制造构件、零部件和元器件等。

表面技术通过以下两条途径来提高材料抵御环境作用的能力和赋予材料表面某种功能特性。

1）施加各种覆盖层。主要采用各种涂层技术，包括电镀、电刷镀、化学镀、涂装、粘结、堆焊、熔结、热喷涂、塑料粉末涂敷、电火花涂敷、热浸镀、搪瓷涂敷、真空蒸镀、溅射镀、化学气相沉积、分子束外延制膜、离子束合成薄膜技术等，此外，还有其他形式的覆盖层，例如：各种金属材料经氧化和磷化处理后的涂层；包箔、贴片的整体覆盖层；缓蚀剂的暂覆盖层等。

2）用机械、物理、化学等方法，改变材料表面的形貌、化学成分、相组织、微观结构、缺陷状态或应力状态，即采用各种表面改性技术。主要有喷丸强化、表面热处理、化学热处理、等离子扩渗处理、激光表面处理、电子束表面处理、高密度太阳能表面处理、离子注入表面改性等。

5.3.2　表面涂层技术

1. 电镀

电镀主要用于提高制件的耐蚀性、耐磨性、装饰性，或者使制件具有一定的功能。它是利用电解作用，即把具有导电表面的工件与电解质溶液接触，并作为阴极，通过外电流的作用，形成在工件表面沉积与基体牢固结合的镀覆层。该镀覆层主要是各种金属和合金。单金属镀层有锌、镉、铜、镍、锡、银、金、钴、铁等数十种，合金镀层有锌铜、镍铁、锌镍铁等一百多种。

2. 堆焊

堆焊是在金属零件表面或边缘，熔焊上耐磨、耐蚀或有特殊性能的金属层，修复外形不合格的金属零件及产品，提高使用寿命，降低生产成本，或者用它制造双金属零部件的工艺技术。用于工程构件、零部件、工模具表面的强化与修复。

3. 涂装

涂装是用一定方法将涂料涂敷于工件表面而形成的涂膜过程。将涂料涂装在各种金属、陶瓷、塑料、木材、水泥、玻璃等制品上，具有保护、装饰或特殊性能（如绝缘、防腐、标志等），用于各种工程构件、机械建筑和日常用品等。

4. 热喷涂

热喷涂是将金属、合金、金属陶瓷及陶瓷材料加热到熔融或部分熔融，以高的动能使其雾化成微粒并喷至工件表面，形成牢固的镀覆层，提高耐大气腐蚀、耐高温腐蚀、耐化学腐蚀、耐磨性、密封性等性能。广泛用于工程构件、机械零部件，也用于修复及特种制造。

5. 电火花涂敷

这是一种直接利用电能的高密度能量对金属表面进行涂敷处理的工艺，即通过电极材料与金属零件表面的火花放电作用，把作为火花放电电极的导电材料（如 WC、TiC）熔渗于工件表层，从而形成含电极材料的合金化涂层，可提高工件表层的性能，而工件内部组织和性能不改变。它适用于工模具和大型机械零件的局部处理，可提高表面耐磨性、耐蚀性、热硬性和高温抗氧化性等，也用于修复受损工件。

6. 陶瓷涂敷

陶瓷涂层是以氧化物、碳化物、硅化物、硼化物、氮化物、金属陶瓷和其他无机物为基体的高温涂层，用于金属表面，主要在室温和高温起耐蚀、耐磨等作用。在金属材料等基体上主要为保护涂层，也可作为功能涂层。能用于磨损件的修复，陶瓷涂敷在许多工业部门得到广泛的应用。

7. 真空蒸镀

将工件放入真空室，并用一定方法加热，使镀膜材料蒸发或升华，飞至工件表面凝聚成膜。工件材料可以是金属、半导体、绝缘体，乃至塑料、纸张、织物等，而镀膜材料也很广泛，包括金属、合金、化合物、半导体和一些有机聚合物等。主要有装饰和功能性应用两大类。装饰性镀层广泛应用于汽车、器械、五金制品、钟表、玩具、服装珠宝等。功能性镀层用于光学仪器、电子电器元件、食品包装、各种材料和零件的防护等。

5.3.3　表面改性技术

1. 喷丸强化

喷丸强化又称受控喷丸，早在 20 世纪 20 年代就应用于汽车工业，以后逐步扩大到其他工业，目前已成为机械工程等工业部门的一种重要的表面技术，应用广泛。它是在受喷材料的再结晶温度下进行的一种冷加工方法，加工过程由弹丸在很高速度下撞击受喷工件表面而完成。喷丸可应用于表面清理、光整加工、喷丸成形、喷丸校形、喷丸强化等。其中喷丸强化不同于一般的喷丸工艺，它要求喷丸过程中严格控制工艺参数，使工件在受喷后具有预期的表面形貌、表层组织结构和残余应力场，从而大幅度地提高疲劳强度和抗应力腐蚀能力。

2. 表面热处理

表面热处理是指仅对工件表层进行热处理，以改变其组织和性能的工艺。主要方法有感应加热淬火、火焰加热表面淬火、接触电阻加热淬火、电解液淬火、激光热处理和电子束加热处理等。主要用来提高钢件的强度、硬度、耐磨性、耐腐性和疲劳极限。

3. 化学热处理

化学热处理是将金属或合金工件置于一定温度的活性介质中保温，使一种或几种元素渗入它的表层，以改变其化学成分、组织和性能的热处理工艺。按渗入的元素可分为渗碳、渗氮、碳氮共渗、渗硼、渗金属等。渗入元素介质可以是固体、液体和气体，但都由介质中化学反应、外扩散、相界面化学反应（或表面反应）和工件中扩散四个过程进行处理，具体方法有多种。主要用途是提高钢件的硬度、耐磨性、耐腐性和疲劳极限。

4. 等离子扩散处理（PDT）

等离子扩散处理又称离子轰击热处理，是指在压力低于 0.1MPa 的特定环境中利用工件（阴极）和阳极之间产生的辉光放电进行热处理的工艺。常见的有离子渗氮、离子渗碳、离子碳氮共渗等，尤以离子渗氮最普通，优点是渗剂简单、无公害，渗层较深、脆性低，工件变形小，对钢铁材料适用面广，工作周期短。

5. 离子注入表面改性

将所需的气体或固体蒸气在真空泵系统中离子化，引出离子束后，用数千伏至数百伏电子加速直接注入材料，达一定深度，从而改变表面的成分和结构，达到改善性能的目的。其优点是注入元素不受材料固溶度限制，适用于各种材料，工艺和质量易控制，注入层与基体之间没有不连续界面。它的缺点是注入层不深，对复杂形状的工件注入有困难。它能提高金属材料的力学性能和耐腐蚀性；在微电子工程中，用于掺杂、制作绝缘隔离层，形成硅化物等；对无机非金属材料和有机高分子材料进行表面改性。

5.3.4　其他表面技术

1. 钢铁的氧化、磷化处理

氧化处理是将钢铁制件放入氧化性溶液中，使钢铁表面形成以 Fe_3O_4 为主的氧化物，颜色是亮蓝色到亮黑色，故又称"发蓝"或"发黑"处理。磷化处理是将钢铁制件放入含磷酸盐的氧化液中，使表面形成不溶解的磷酸盐保护膜。

2. 铝和铝合金的阳极氧化或化学氧化

阳极氧化是将具有导电表面的工件放入电解质溶液中，并且作为阳极，在外电流作用下形成氧化膜。化学氧化是将铝制件放入铬酸盐的碱性溶液或铬酸盐、磷酸和氟化物的酸性溶液进行化学反应，使铝或铝合金表面形成氧化物。

※　思考题和练习题

5-1　试述精密和超精密加工对环境和设备的要求。

5-2　试述电火花成形与线切割加工的异同。

5-3　分析金刚石刀具精密切削的机理、条件和应用范围。

5-4　试论述特种加工的种类、特点与应用范围。

5-5　试述电解加工的机理与特点。

5-6　试比较电子束和离子束加工的原理与特点。

5-7　试述超声波加工的机理、设备组成、特点及应用。

5-8　试述水射流加工的基本原理与特点。

5-9　为何有些零件不使用高碳钢制造并直接淬火，而采用低碳钢渗碳再淬火？

第6章　专用机床夹具设计基础

【导读】　在工艺系统中夹具是影响质量、产量及加工过程最活跃的因素。要通过对夹具的感性认识，进一步认识到夹具保证精度的作用与原理。进而领会专用夹具设计的基本知识、基本原则和一般方法。掌握定位与夹紧的基本理论、定位元件的选择与设计方法、夹紧力与夹紧机构的分析设计方法。

6.1　机床夹具概述

在机械加工过程中，对应各种零件装夹的需要，机床夹具也多种多样，但都有一些共性的功能和装置。

1. 夹具的组成

在机床上确定工件相对于刀具的正确加工位置，以保证其被加工表面达到所规定的各项技术要求的过程称为定位。为防止工件在加工时因受到切削力、惯性力、离心力、重力及冲击和振动等的影响，发生位置移动而破坏正确定位，将工件可靠地夹固的过程称为夹紧。为完成工件在夹具中的定位、夹紧以及其他各项功能，夹具大都由以下部分构成：

（1）定位夹紧装置　由于夹具的首要任务是对工件进行定位和夹紧，因此，夹具必须有用以确定工件正确位置的定位元件和将工件夹紧压牢的夹紧装置。

常见定位方式是以平面、圆孔和外圆定位。为了保证较高的定位质量，定位元件要有足够的精度、强度、刚度和耐磨性。夹紧装置要保证夹紧可靠，不能破坏原定位精度，还要操作方便、安全。

（2）对刀、引导元件　用专用夹具进行加工时，为了预先调整刀具的位置，在夹具上设有确定刀具（铣刀、刨刀等）位置或导引刀具（孔加工刀具）方向的元件，如对刀块、钻套等。

（3）连接元件　为了保证夹具在机床上占有正确的位置，一般夹具设有连接夹具本身在机床上用于定位和夹紧的元件。

（4）夹具体　夹具上所有组成部分最终都必须通过一个基础件使之连接成一个有机整体，这个基础件称为夹具体。工艺系统中夹具的位置及组成如图6-1所示。

2. 夹具的种类

机床夹具的种类很多，通常有以下几种划分方法（如图6-2所示）。

按适用的机床分为车床夹具、铣床夹具、钻床夹具、镗床夹具及数控机床夹具等。

按动力源又可分为手动、气动、液压、气液压、电磁、自紧夹具等。

按适用工件的范围和特点分为通用夹具、专用夹具、组合夹具和可调夹具。

（1）通用夹具　指已标准化的、可用于加工一定范围内的不同工件的夹具，如自定心卡盘、机用平口钳、万能分度头等。

（2）专用夹具　指专门为某一工件的某一加工工序专门设计的夹具。

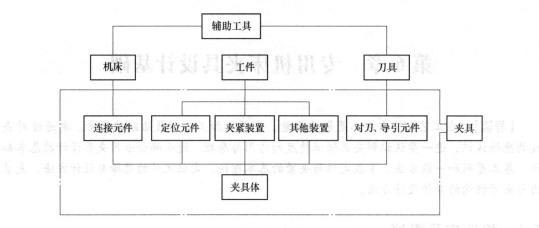

图 6-1　工艺系统中夹具的位置及组成

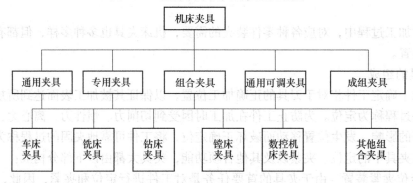

图 6-2　夹具的种类

（3）组合夹具　指由一套预先制造好的各种不同形状、不同规格尺寸、具有完全互换性和高精度、高耐磨性的标准元件（不同于专用夹具的标准元件）或合件，按照不同工件的工艺要求迅速组装成所需要的夹具（如图 6-3 所示）。使用完毕后，可以方便地拆散成元件或合件，待需要时重新组装成其他加工过程的夹具。

（4）可调夹具　包括通用可调夹具和成组夹具，它们都是通过调整或更换少量的元件就能加工一定范围内的工件，兼有专用夹具和通用夹具的特点。通用可调夹具适用范围较宽，加工对象并不十分明确；成组夹具是根据成组工艺的要求，针对一组结构、形状及尺寸相似，加工工艺相近的不同产品的加工而专门设计的，其加工对象和范围很明确，也称为专用可调夹具。

数控机床夹具常用通用可调夹具、组合

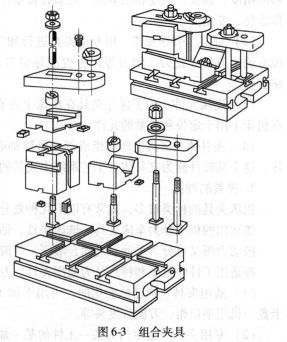

图 6-3　组合夹具

夹具、拼装夹具和自动夹具。拼装夹具是在成组工艺的基础上，用标准化、系列化的夹具零部件拼装而成的。自动夹具是指具有自动上、下料机构的专用夹具。在普通机床上装上自动夹具，也可实现自动加工。

虽然各类机床的加工工艺特点、夹具和机床的连接方式等各有不同，每类机床夹具在总体结构、所需元件和技术要求方面都有其各自的特点，但是它们的设计步骤和方法原则基本相同。

大多数机床都配置有某些通用夹具，如卡盘、顶尖、机用平口钳等，此类通用夹具不属于本章讨论内容。

6.2　定位元件及其应用

在第二章介绍了工件的定位原理及常见的定位方式，下面主要介绍常用定位元件及其应用。

工件的定位是通过工件上的定位表面与夹具上的定位元件的配合或接触来实现的。定位基准是工件定位时确定工件位置所依据的基准，它通过定位基面来体现。如图 6-4a 所示，套类工件以圆孔在心轴上定位，工件的内孔面称为定位基面，它的轴线称为定位基准；与此对应，夹具上心轴的外圆柱面称为限位基面，心轴的轴线称为限位基准。如图 6-4b 所示，工件以平面与定位元件接触时，工件上实际存在的平面表面是定位基面，它的理想状态是定位基准。如果工件上实际存在的平面表面形状误差很小，可认为定位基面与定位基准重合。同样，定位元件以平面限位时，如果其形状误差很小，也可认为限位基面与限位基准重合。工件在夹具上定位时，理论上定位基准与限位基准

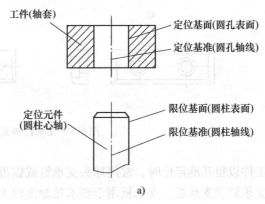

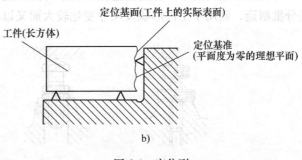

图6-4　定位副

应该重合，定位基面与限位基面应该接触。定位基面与限位基面合称为定位副。当工件有几个定位基面时，限制自由度最多的称为主要定位面，相应的限位基面称为主要限位面。

1. 对定位元件的要求

（1）足够的精度　工件的定位是通过与定位副的配合接触实现的，定位元件上的限位基面的精度将直接影响工件的定位精度。

（2）足够的强度和刚度　定位元件不仅限制工件自由度，还要支承工件，承受夹紧力和切削力。

（3）耐磨性好　工件的装卸会磨损定位元件的限位基面，导致定位精度下降。为了提高夹具的使用寿命，延长定位元件的更新周期，定位元件应有很好的耐磨性。

（4）工艺性好　定位元件力求结构简单、合理，便于加工、装配和更换。

2. 定位元件的应用

（1）工件以平面定位时的定位元件

1）主要支承。主要支承用来限制工件自由度，起定位作用。常用的有固定支承、可调支承、自位支承3种。

固定支承有支承钉和支承板两种形式，如图6-5所示，其结构和尺寸都已经标准化。

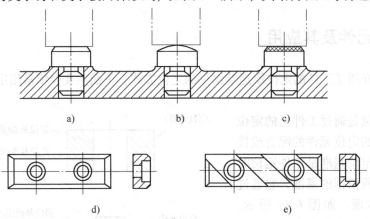

图6-5　支承钉和支承板

当工件以粗基准定位时，常用球头支承钉或锯齿头支承钉；而工件用精基准定位时，常用平头支承钉和支承板，支承板用于要求接触面较大的情况。

可调支承结构用于工件定位过程中支承钉的高度需要调整的场合，如图6-6所示。如毛坯分批制造，则用于工件形状及尺寸变化较大而又以粗基准定位的场合。

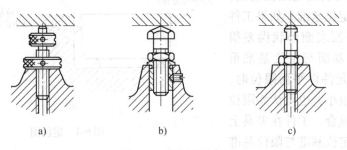

图6-6　可调支承结构

自位支承（又称浮动支承）是在对工件定位的过程中，能随工件表面形状变化而自动调整方位的支承，如图6-7所示。其只限制一个自由度，即相当于一个固定支承，适于工件以粗基准定位或刚性不足的场合。

2）辅助支承。辅助支承不起定位作用，只提高工件的装夹刚度和稳定性，它是在工件定位后，再适位固定，以承受切削力，如图6-8所示。

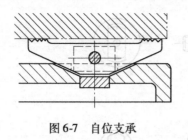

图 6-7　自位支承

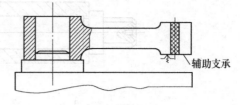

图 6-8　辅助支承

（2）工件以圆孔定位时的定位元件

1）定位销。定位销常用的有圆柱销和圆锥销。如图 6-9 所示为圆柱销，以其外圆柱面为工作面，限制 2 个自由度。其中图 6-9a、b、c 所示为固定式；图 6-9d 所示为带衬套结构。如图 6-10 所示为圆锥销，以其锥面为工作面，限制 3 个自由度。定位销结构已经标准化，设计参数可查阅夹具设计手册。

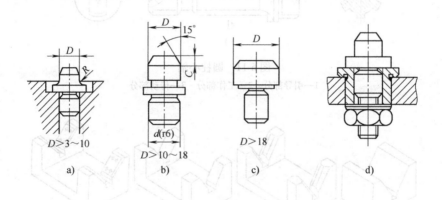

图 6-9　圆柱销

2）心轴。常用的心轴有圆柱心轴和圆锥心轴。如图 6-11 所示为常用的圆柱心轴结构形式。其主要用于在车床、铣床、磨床、齿轮等加工机床上加工套筒和盘类等零件。

图 6-11a 所示为间隙配合心轴，需要夹紧传递力矩才能进行加工。使用间隙配合心轴，装卸工件方便，但定位精度不高；图 6-11b 所示为过盈配合心轴，不需要夹紧传递力矩加工，其定位精度高，但装卸不方便；图 6-11c 所示为花键心轴，以花键孔定位和传递力矩加工。

圆锥心轴（小锥度心轴）定心精度高，同轴度可达 $\phi 0.02 \sim \phi 0.01$mm，但工件的轴向位移误差加大，适于工件定位孔精度不低于 IT7 的精车和磨削加工，不能加工端面。

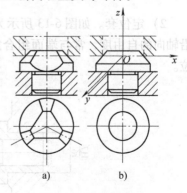

图 6-10　圆锥销定位

（3）工件以外圆柱面定位时的定位元件

1）V 形块。其优点是对中性好（工件的定位基准始终位于 V 形块两限位基面的中间平面内），并且安装方便，如图 6-12 所示。

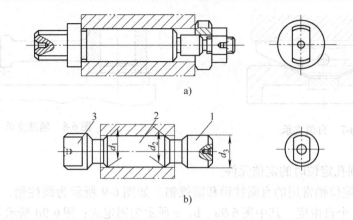

a)

b)

c)

图 6-11　圆柱心轴

1—引导部分　2—工作部分　3—传动部分

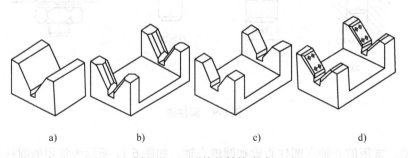

a)　　　b)　　　c)　　　d)

图 6-12　V 形块的结构形式

2）定位套。如图 6-13 所示为常用的两种定位套。其内孔面为限位基面，为了限制工件沿轴向的自由度，常与端面组合定位。定位套的定位精度不高，而且只适于用精基准面定位。

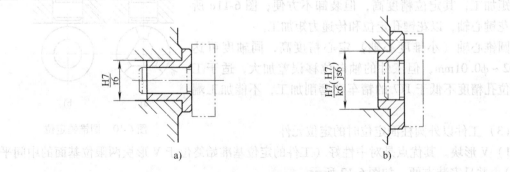

a)　　　　　　　　b)

图 6-13　常用定位套形式

6.3 工件的夹紧与夹紧装置

6.3.1 夹紧力的确定

确定夹紧力就是确定夹紧力的大小、方向和作用点。

1. 夹紧力方向和作用点的确定

（1）夹紧力应朝向主要限位面 对工件只施加一个夹紧力，或施加几个方向相同的夹紧力时，夹紧力的方向应尽可能朝向主要限位面。如图 6-14 所示，工件被镗孔与 A 面有垂直度要求，因此定位时，以 A 面为主要限位面，夹紧力 F_J 的方向应朝向 A 面。如果夹紧力改为朝向 B 面，则会由于工件左端面与底面的位置误差，而在夹紧时破坏工件的定位，影响孔与左端面的垂直度要求。

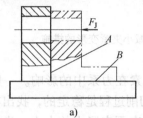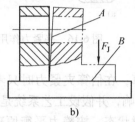

图 6-14 夹紧力的方向选择

（2）夹紧力的作用点应落在定位元件的支承范围内 如图 6-15 所示，夹紧力 F_J 的作用点落到了定位元件的支承范围之外，夹紧力将产生翻转力矩，破坏工件的定位。

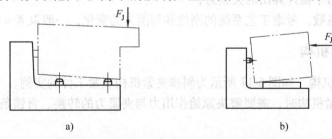

图 6-15 夹紧力的作用点与支承点（面）的位置

（3）夹紧力的作用点应落在工件刚性较好的方向和部位 这一原则对刚性差的工件特别重要，如图 6-16a 所示，薄壁套的轴向刚性比径向好，用卡爪径向夹紧，工件变形大，若采用沿轴向施加夹紧力 F_J，变形就会小得多。夹紧如图 6-16b 所示的薄壁箱体时，夹紧力 F_J 应该作用在刚性好的凸边上。箱体没有凸边时可以采用如图 6-16c 所示的措施，以便减小工件因夹紧而产生的变形。

（4）夹紧力的作用点应靠近工件的加工面。

2. 夹紧力大小的确定

从理论上讲，夹紧力的大小，应与工件在加工过程中受到的切削力、离心力、惯性力、自身重力所形成的合力或者力矩相平衡，但在加工过程中，切削力常常是变化的，夹紧力的大小还与工艺系统的刚度、夹紧机构的传递效率等因素有关。所以，准确计算夹紧力的大小是一个很复杂的问题。

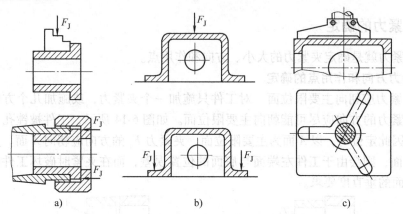

图 6-16　夹紧力作用点的选择与减小夹紧变形的措施

　　为了简化计算，在估算夹紧力时只考虑主要因素在力系中的影响。一般只考虑切削力（矩）对夹紧的影响，并假设工艺系统是刚性的，切削过程是稳定的，找出在夹紧过程中对夹紧最不利的瞬时状态，按静力平衡原理估算此状态下夹紧的大小。为保证夹紧安全可靠，将计算出的夹紧力再乘以安全系数，作为实际需要的夹紧力。即

$$F_J = K \cdot F$$

式中　F_J——实际所需的夹紧力；

　　　　F——由静力平衡计算出的夹紧力；

　　　　K——安全系数，考虑工艺系统的刚性和切削力的变化，一般取 $K = 1.5 \sim 3$。

6.3.2　基本夹紧机构

　　（1）斜楔夹紧机构　如图 6-17 所示为斜楔夹紧机构夹紧工件的实例。

　　在设计斜楔夹紧机构时，需要解决原始作用力与夹紧力的转换、自锁条件以及选择斜楔升角等主要问题。

　　1）夹紧力的计算。单斜楔夹紧机构是最简单的斜楔夹紧机构。若以 F_Q 作用于斜楔大端，则楔块产生的夹紧力 F_J 为

$$F_J = F_Q / [\tan\varphi_1 + \tan(\alpha + \varphi_2)]$$

式中　F_J——斜楔对工件产生的夹紧力；

　　　　α——斜楔升角；

　　　　F_Q——夹在斜楔上的作用力；

　　　　φ_1——斜楔与工件间的摩擦角；

　　　　φ_2——斜楔与夹具体间的摩擦角。

　　2）自锁条件。当用人力作用于斜楔时，要求斜楔能实现自锁。其自锁条件为

$$\alpha < \varphi_1 + \varphi_2$$

即斜楔的升角 α 必须小于斜楔与夹具体、斜楔与工件之间摩擦角之和。一般为了保证自锁

可靠，手动夹紧机构取 $\alpha = 6° \sim 8°$；而液压或气压夹紧时不需要考虑自锁，可取 $\alpha = 15° \sim 30°$。

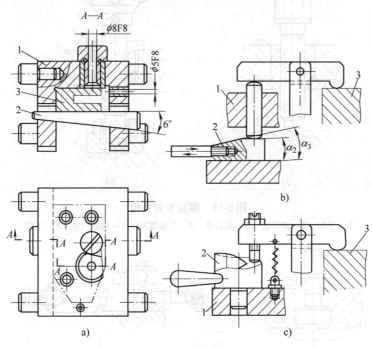

图 6-17 斜楔夹紧机构
1—夹具体 2—斜楔 3—工件

3）斜楔的扩力比与夹紧行程。夹紧力 F_J 与作用力 F_Q 之比称为扩力比或增力系数 i。

$$i = F_J/F_Q = 1/\left[\tan\varphi_1 + \tan(\alpha + \varphi_2)\right]$$

由上式可知，若 $\alpha = 10°$，$\varphi_1 = \varphi_2 = 10°$，则 $i = 2.6$。可见斜楔机构的增力效果并不明显。所以，斜楔一般都与机动夹紧装置联合使用。

斜楔机构的夹紧行程 h 与斜楔移动距离 s 的关系为

$$s = h/\tan\alpha$$

考虑到工件装卸方便的需要，斜楔的夹紧行程 h 不能小于某一值，而斜楔的移动距离 s 又受到斜楔长度的限制，要增大夹紧行程 h，就得增大楔角 α，而楔角太大又降低了自锁性。所以在选择升角 α 时，必须考虑同时增力和行程缩小两方面的问题，故一般 α 角不应大于 $12°$。

（2）螺旋夹紧机构 采用螺旋直接夹紧或者采用螺旋与其他元件组合实现夹紧的机构，统称为螺旋夹紧机构。

螺旋夹紧机构具有结构简单、增力大和自锁性好等特点，很适用于手动夹紧。其缺点是夹紧动作慢，所以在机动夹紧机构中应用较少。

1）简单螺旋夹紧机构。如图 6-18 所示为最简单的螺旋夹紧机构。如图 6-18a 所示，直接与工件表面接触，螺栓转动时，可能损伤工件表面或带动工件转动。克服这一缺点的措施是采用在螺栓头部增加一个如图 6-18b 所示的摆动压块。摆动压块结构已经标准化，设计时可根据需要选取。如图 6-19 所示为生产中常用的快速螺旋夹紧机构。

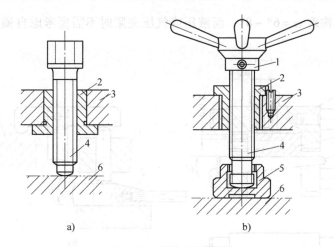

图 6-18　螺旋夹紧机构

1—手柄　2—螺母套　3—夹具体　4—夹紧螺栓　5—摆动压块　6—工件

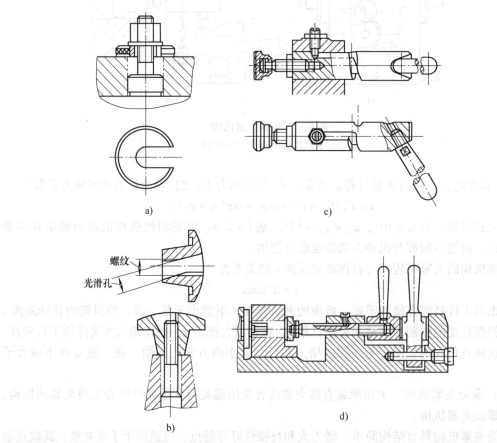

图 6-19　快速螺旋夹紧机构

2）螺旋压板机构。夹紧机构中，结构形式变化最多的是螺旋压板机构，如图 6-20 所示为螺旋压板机构的四种典型机构。如图 6-20a、b 所示为移动压板，如图 6-20c、d 所示为回转压板。

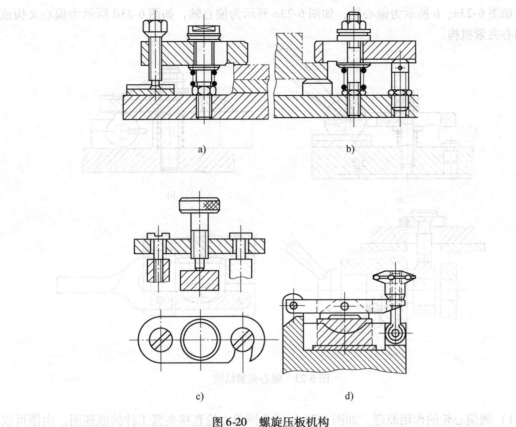

图 6-20 螺旋压板机构

如图 6-21 所示为螺旋钩形压板机构。其特点是结构紧凑、使用方便。当钩形压板妨碍工件装夹时，可采用如图 6-22 所示的自动回转钩形压板。设计时，应确定压板回转角 φ 和升程 h。钩形压板的结构参数及夹紧力的计算，可参考有关夹具设计手册。

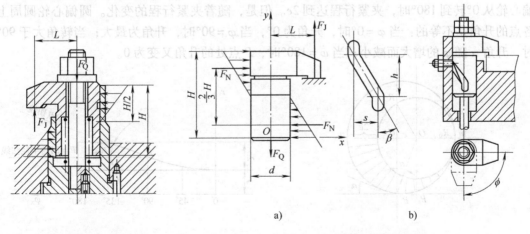

图 6-21 螺旋钩形压板机构   图 6-22 自动回转钩形压板

（3）偏心夹紧机构 用偏心件直接或间接夹紧工件的机构，称为偏心夹紧机构。常用的偏心件是圆偏心轮和偏心轴。如图 6-23 所示为偏心夹紧机构的应用实例。

　　如图 6-23a、b 所示为偏心轮，如图 6-23c 所示为偏心轴，如图 6-23d 所示为偏心叉构成的偏心夹紧机构。

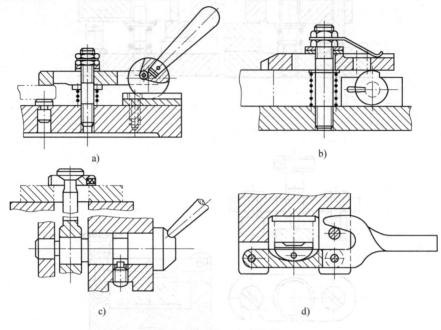

　　　　　　　　a)　　　　　　　　　　　　　　　　　　b)

　　　　　　　　c)　　　　　　　　　　　　　　　　　　d)

图 6-23　偏心夹紧结构

　　1）圆偏心轮的作用原理。如图 6-24 所示为圆偏心轮直接夹紧工件的原理图。由图可以看出，当偏心轮绕回转中心 O 沿顺时针方向转动时，其回转半径不断增大，相当于一个圆弧形楔逐渐楔紧在 R_0 圆与工件之间，因而把工件压紧。

　　2）圆偏心轮的夹紧行程及工作段。用圆周上任一点作为参考点，以相对于该点的转角 φ 为横坐标，用回转半径 r 为纵坐标，画出圆偏心轮上弧形楔的展开图，如图 6-25 所示。圆偏心轮从 0°转到 180°时，夹紧行程达到 2e。但是，随着夹紧行程的变化。圆偏心轮圆周上各点的升角是不等的：当 $\varphi = 0°$ 时，升角为 0°，当 $\varphi = 90°$ 时，升角为最大；当转角大于 90°时，升角 α 随 φ 的增大而减小；当 $\varphi = 180°$ 时，P 点处的升角又变为 0。

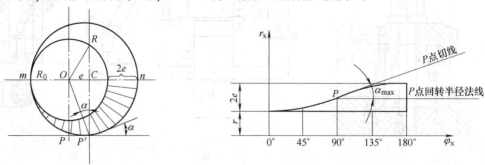

　　图 6-24　圆偏心轮直接夹紧工件原理图　　　　　　图 6-25　弧形楔展开图

　　根据上述特性，为避免转角太大而操作费时，圆偏心轮的工件转角一般小于 90°，实际上常取转角 $\varphi = 45° \sim 135°$，或者 $\varphi = 90° \sim 180°$。当取 $\varphi = 45° \sim 135°$ 时，升角大，夹紧力较小，但是夹紧行程大，行程 $h \approx 1.4e$。而当 $\varphi = 90° \sim 180°$ 时则升角由大变小，夹紧力增大，但夹紧行程较小，行程 $h = e$。

3）圆偏心夹紧的自锁条件。圆偏心夹紧必须保证自锁。因为圆偏心轮夹紧实质就是弧形楔夹紧工件，因此，其自锁条件应与斜楔的自锁条件相同，即

$$\alpha_{\max} \leqslant \varphi_1 + \varphi_2$$

式中　$\alpha_{\max}$——圆偏心轮的最大升角；

　　　φ_1——圆偏心轮与工件间的摩擦角；

　　　φ_2——圆偏心轮与回转轴之间的摩擦角。

由于回转轴直径很小，圆偏心轮与回转轴之间的摩擦力矩不大，为使自锁可靠，上式可简化为

$$\alpha_{\max} \leqslant \varphi_1$$

推导可得圆偏心轮的自锁条件为

$$e/R \leqslant f$$

式中　R——圆偏心轮半径；

　　　f——工件与圆偏心轮之间的摩擦系数。

当 $f = 0.1$ 时，$R/e \geqslant 10$；当 $f = 0.15$ 时，$R/e \geqslant 7$。R/e 称为偏心轮的偏心特性，体现偏心轮工作的可靠性，R/e 值大，自锁可靠性好，但尺寸也大，一般推荐 $R/e = 10$。

4）偏心轮的夹紧力。因为圆偏心轮轮周上各点的升角不同，因此，各点的夹紧力也不相同。如图 6-26 所示为任意点夹紧工件时圆偏心轮的受力情况。根据受力分析可得

$$F_J = \frac{F_Q L}{f(R+r) + e(\sin\theta - f\cos\theta)}$$

式中　F_J——工件对偏心轮的夹紧反力；

　　　F_Q——手柄作用力；

　　　f——工件与偏心轮之间的摩擦系数。

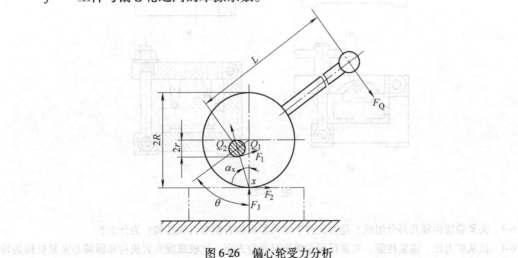

图 6-26　偏心轮受力分析

由上述分析可知：偏心夹紧机构有夹紧动作迅速、操作方便等特点，但夹紧行程较小，扩力也远比螺旋夹紧机构小，所以多用于没有振动或振动较小而要求夹紧力不大的场合。

5）圆偏心轮的设计方法。圆偏心轮的设计，一般按下列步骤进行：

①确定圆偏心轮夹紧行程 h。用圆偏心轮直接夹紧工件时，

$$h = \delta + s_1 + s_2 + s_3$$

式中　δ——工件夹紧面至定位面的尺寸公差；

　　　s_1——工件装卸所需的间隙，一般取 $s_1 \geqslant 0.3$ mm；

　　　s_2——夹紧装置夹紧时的弹性变形量，一般取 $s_2 = 0.3 \sim 0.5$ mm；

　　　s_3——夹紧行程储备量，一般取 $s_3 = 0.1 \sim 0.3$ mm。

偏心轮不直接夹紧工件时，夹紧行程为

$$h = k(\delta + s_1 + s_2 + s_3)$$

式中　k——夹紧行程系数，此系数取决于偏心夹紧机构的具体结构。

②确定圆偏心轮的偏心距 e。当用 $\varphi = 45° \sim 135°$ 作为工作段时，取 $e = 0.7h$；当用 $\varphi = 90° \sim 180°$ 作为工作段时，取 $e = h$。

③确定圆偏心轮的半径 R。根据圆偏心夹紧的自锁条件：

$f = 0.1$ 时，$R = 10e$；

$f = 0.15$ 时，$R = 7e$。

偏心轮的参数已标准化，在具体设计时，其他结构参数可查阅有关资料。

※　思考题和练习题

6-1　固定支承有哪几种形式？各适用于什么场合？可调支承与辅助支承有何区别？

6-2　试分析如图 6-27 所示各夹紧方案是否合理，若不合理应如何改进？

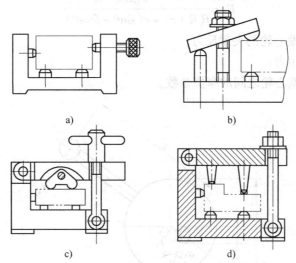

图　6-27

6-3　夹紧装置由哪几部分组成？是否允许手动夹紧机构若没有自锁性能？为什么？

6-4　试从扩力比、锁紧性能、夹紧行程和操作时间等方面，比较螺旋夹紧机构和圆偏心夹紧机构的特性。

6-5　根据六点定位原理，分析图 6-28 中各定位方案中各个定位元件所限制的自由度。如果是超定位或欠定位，指出可能产生的结果并提出改进措施。

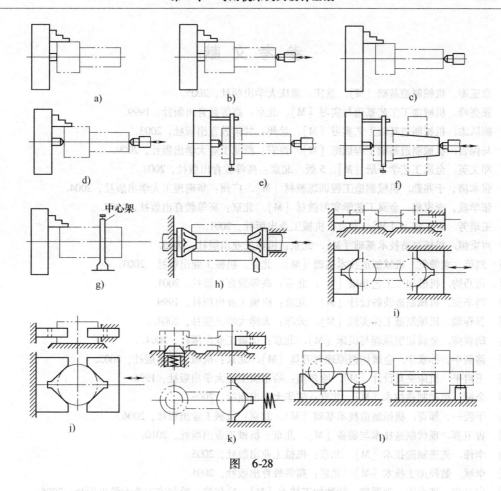

图 6-28

6-6 如图6-29所示为镗削连杆小头孔工序定位简图。定位时将削边销插入连杆小头孔，夹紧后拔出削边销进行加工，试分析各元件所限制的自由度。

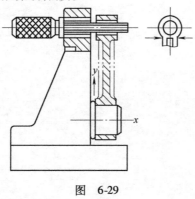

图 6-29

6-7 零件的生产类型对夹具设计有什么影响？

参 考 文 献

[1] 京玉海. 机械制造基础 [M]. 重庆：重庆大学出版社，2005.

[2] 张亮峰. 机械加工工艺基础与实习 [M]. 北京：高等教育出版社，1999.

[3] 陈队志. 机械制造基础工艺实习 [M]. 兰州：甘肃教育出版社，2003.

[4] 马保吉. 机械制造基础工程训练 [M]. 西安：西北工业大学出版社，2009.

[5] 邓文英. 金属工艺学下册 [M]. 5 版. 北京：高等教育出版社，2008.

[6] 张木清，于兆勤. 机械制造工程训练教材 [M]. 广州：华南理工大学出版社，2004.

[7] 张学政，李家枢. 金属工艺学实习教材 [M]. 北京：高等教育出版社，2002.

[8] 王瑞芳. 金工实习 [M]. 北京：机械工业出版社，2001.

[9] 卢秉恒. 机械制造技术基础 [M]. 北京：机械工业出版社，2005.

[10] 刘英，袁绩乾. 机械制造技术基础 [M]. 北京：机械工业出版社，2008.

[11] 司乃钧. 机械加工工艺基础 [M]. 北京：高等教育出版社，2001.

[12] 冯辛安. 机械制造装备设计 [M]. 北京：机械工业出版社，1999.

[13] 谷春瑞. 机械制造工程实践 [M]. 天津：天津大学出版社，2004..

[14] 胡黄卿. 金属切削原理与机床 [M]. 北京：机械工业出版社，2004..

[15] 路剑中，孙家宁. 金属切削原理与刀具 [M]. 北京：机械工业出版社，2005.

[16] 王启平. 机床夹具设计 [M]. 哈尔滨：哈尔滨工业大学出版社，1996.

[17] 金捷. 机械制造技术 [M]. 北京：清华大学出版社，2006.

[18] 于骏一，邹青. 机械制造技术基础 [M]. 北京：机械工业出版社，2006.

[19] 吉卫喜. 现代制造技术与装备 [M]. 北京：机械工业出版社，2010.

[20] 李伟. 先进制造技术 [M]. 北京：机械工业出版社，2005.

[21] 李斌. 数控加工技术 [M]. 北京：高等教育出版社，2005.

[22] 白基成，郭永丰，刘晋春. 特种加工技术 [M]. 哈尔滨：哈尔滨工业大学出版社，2006.